职业教育计算机应用技术专业系列教材

CorelDRAW
平面设计项目教程

主　编　董改香　沈亚彬

副主编　贾兆颖　赵　晗

参　编　魏国卿　徐　刚　纪玉川

机械工业出版社

本书采用实例项目＋软件技能＋设计理论三者合一的讲解方法，系统介绍了 CorelDRAW X7 软件的基本操作方法和平面矢量图的绘制技巧，内容包含 CorelDRAW X7 入门、标识设计与制作、名片设计与制作、报纸编排设计与制作、折页设计与制作、海报设计与制作和综合设计实训。本书以实例项目为引导，以软件技能为基础，以设计理论为辅助，以拓展训练为巩固，采用"教学做创"的教学方式，使学生能够循序渐进地掌握平面设计的基础知识和软件的实际操作技能。

本书适合作为职业院校计算机应用技术专业与艺术设计类专业课程的教材使用，也可供平面设计相关初学者使用。

图书在版编目（CIP）数据

CorelDRAW平面设计项目教程/董改香，沈亚彬主编.
—北京：机械工业出版社，2019.9（2022.8重印）
职业教育计算机应用技术专业系列教材
ISBN 978-7-111-63867-4

Ⅰ．①C… Ⅱ．①董… ②沈… Ⅲ．①平面设计—图形软件
—职业教育—教材 Ⅳ．①TP391.412

中国版本图书馆CIP数据核字（2019）第213243号

机械工业出版社（北京市百万庄大街22号 邮政编码100037）
策划编辑：赵志鹏　　责任编辑：赵志鹏　徐梦然
责任校对：张　薇　　封面设计：马精明
责任印制：李　昂
北京捷迅佳彩印刷有限公司印刷
2022年8月第1版第2次印刷
184mm×260mm · 10.25印张 · 218千字
标准书号：ISBN 978-7-111-63867-4
定价：49.80元

电话服务	网络服务
客服电话：010-88361066	机 工 官 网：www.cmpbook.com
010-88379833	机 工 官 博：weibo.com/cmp1952
010-68326294	金 书 网：www.golden-book.com
封底无防伪标均为盗版	机工教育服务网：www.cmpedu.com

PREFACE 前言

本书主要面向职业院校计算机应用技术专业与艺术设计相关专业的教师、学生及平面设计初学者。

通过对本书的学习，读者可系统地学习CorelDRAW X7软件的操作技能和平面设计的相关知识。本软件对应的工作岗位是平面设计岗位，具体包括企业设计部或宣传部职员，广告公司或设计公司设计师，电子商务类企业美工，以及婚纱影楼后期处理职员等。

本书将"艺术与软件有机地结合"，以大量实例配合理论讲解，力求让读者在掌握软件技能的同时，具有实际的创意思维和平面设计能力。本书按照"项目案例——软件技能——设计理论——强化训练"的体系进行编写，通过项目案例的讲解，让读者快速掌握设计创意思路和软件基础操作；通过软件技能的讲解，让读者巩固学习软件的深层次功能；通过设计理论的讲解，让读者拓宽创意思维和设计理念；通过强化训练，巩固读者的实际应用能力。

本书由聊城职业技术学院董改香、沈亚彬任主编，山东劳动职业技术学院贾兆颖、聊城职业技术学院赵晗任副主编，参与本书编写的还有聊城职业技术学院魏国卿和徐刚、山东劳动职业技术学院纪玉川。

由于水平所限，书中难免存在错误和不妥之处，敬请广大读者批评指正。

编 者

CONTENTS 目录

导学　CorelDRAW X7 入门

职业能力目标

1）了解CorelDRAW X7的工作界面。

2）理解矢量图的基本概念。

3）掌握文件的基础操作方法。

平面设计概述

【平面设计概述与分类】

如果要做平面设计，必定离不开矢量图形软件，CorelDRAW X7软件是由Corel公司开发的矢量图形绘制和编辑软件，目前在市场上占据了主流位置。本书介绍了该软件的操作技能和平面设计的创意思路，从而能够熟练地使用CorelDRAW软件进行创意平面设计。

平面设计又叫作视觉传达设计，是指将信息通过精心设计的文字、图形、图案、色彩等视觉化的方式表现出来的一种艺术形式。平面设计是一个面向大众的艺术门类，平面设计作品遍布人们的日常生活，包含人们的衣食住行等各个方面，例如超市中的矿泉水包装、商场里的促销海报和书店里的书籍杂志等。

平面设计大致可分为标识设计（或VI系统设计）、海报设计、书籍设计、广告设计和包装设计等。平面设计作品不仅要有独特的视觉表现力，也要有良好的信息传达力，这就需要平面设计师掌握文字的设计、版面的编排和色彩的运用等多方面知识。图0-1展示了一些优秀的平面设计作品。

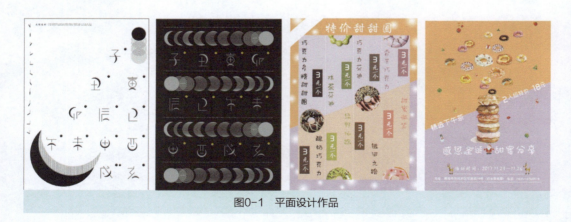

图0-1　平面设计作品

【平面设计常用尺寸】

表0-1介绍了平面设计中一些常见的设计尺寸，对于更多的情况，要根据设计的种类和要求进行独特的尺寸设置。

表0-1 平面设计常用尺寸

设 计 类 型	设 计 尺 寸	
名片设计	90mm×55mm	85mm×54mm
封面设计	260mm×185mm（16开）	184mm×130mm（32开）
促销单页	200mm×290mm	200mm×410mm
易拉宝	80cm×200cm	100cm×200cm

【平面设计常用印刷分辨率】

平面设计作品经常需要被印刷为纸质文件，在印刷时涉及对分辨率的要求。一般来说，如果对图像品质要求不高，那么设置72～150dpi的分辨率就可以满足需求；如果要求高精度的产品，就需要设置300dpi的分辨率。分辨率越低，文件越小，分辨率越高，文件越大。表0-2中列举了一些常见的印刷品图像应该使用的分辨率。

表0-2 常用印刷分辨率

设 计 类 型	分 辨 率
易拉宝	40～72dpi
报纸	120～170dpi
促销海报	72～150dpi
精美印刷品	300dpi

【平面设计常用纸张】

1．铜版纸

（1）特性　表面光滑，白度较高，纸质纤维分布均匀，厚薄一致，伸缩性小，有较好的弹性和较强的抗水性能和抗张性能，对油墨的吸收性与接受状态良好。

（2）主要用途　主要用于印刷画册、封面和精美的产品样本等。

（3）克重　常见有80g/m²、105g/m²、128g/m²、157g/m²、200g/m²、250g/m²、300g/m²和350g/m²。

2．哑粉纸

（1）特性　与铜版纸所不同的是，哑粉纸表面哑光，纸质纤维分布均匀，厚薄性好，密度高，弹性较好且具有较强的抗水性能和抗张性能，对油墨的吸收性与接收状态略低于铜版纸，但厚度较铜版纸略高。

（2）主要用途　主要用于印刷画册、卡片、明信片和精美的产品样本等。

（3）克重　常见有80g/m²、105g/m²、128g/m²、157g/m²、200g/m²、250g/m²、300g/m²和350g/m²。

3. 双胶纸

（1）特性　适用范围广泛，质量较好。

（2）主要用途　主要用于各种说明书，信封和信签等。

（3）克重　常见有60g/m²、70g/m²、80g/m²、90g/m²、100g/m²和120g/m²。

4. 牛皮纸

（1）特性　具有很高的抗张强度，有单光、双光、条纹和无纹等种类。分为白牛皮和黄牛皮两种。

（2）主要用途　主要用于包装纸、信封和纸袋等。

（3）克重　常见有60g/m²、70g/m²、80g/m²、100g/m²和120g/m²。

5. 艺术纸／特种纸

种类繁多，纹理性强，艺术表现力好，但价格较高。

【图形图像基本知识】

知识1　位图与矢量图

计算机中的图像大致分为两类：位图和矢量图。学习平面设计需要首先分清这两种图形类型。

（1）位图　位图又称为点阵图或像素图，由许多个像素点组成，不同的像素点以不同的颜色构成完整的图像。位图图像质量由分辨率决定，分辨率越高，单位面积内像素点越多，图像质量就越好，但是文件就越大。最常见的位图格式是jpg格式。

（2）矢量图　矢量图是以数学的矢量方式来记录图像内容的，其基本组成单元是锚点和路径。矢量图形的线条非常光滑、流畅，即使放大观察，也可以看到线条仍然保持良好的光滑度及比例相似性。CorelDRAW软件产生的图形就是矢量图形，无论图形放大或缩小多少倍，它都是清晰平滑的，不会造成模糊的现象。这种图形的缺点是不如位图图像色彩绚丽。

知识2　色彩模式

常用的色彩模式包括RGB模式、CMYK模式、HSB模式、Lab模式和灰度模式等，最常用的为RGB模式、CMYK模式和灰度模式。每种色彩模式都有不同的色域，可以根据需要选择不同的色彩模式，各个模式之间可以互相转换。

（1）RGB模式　　RGB模式应用比较广泛，该模式由红色（R）、绿色（G）、蓝色（B）三种颜色叠加而成。该模式在计算机屏幕上的色彩感最好，是较为常用的一种色彩模式。

（2）CMYK模式　　CMYK模式是印刷时使用的色彩模式，任何涉及印刷的作品都需要转为CMYK模式才能上机印刷，该模式由青色（C）、品红（M）、黄色（Y）、黑色（K）四种颜色叠加而成。

（3）灰度模式　　灰度模式中没有彩色只有灰度。当将一个彩色图形或图像转化为灰度模式时，图形或图像的所有色彩信息将消失，在制作黑白印刷品中常使用灰度模式。

CorelDRAW X7基本界面

【CorelDRAW X7工作界面】

CorelDRAW软件的工作界面主要由"标题栏""菜单栏""工具栏""属性栏""工具箱""调色板""绘图区"和"泊坞窗"组成，如图0-2所示。

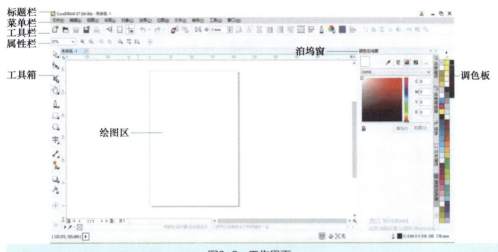

图0-2　工作界面

（1）标题栏　　位于工作界面的最顶端，用于显示当前程序和操作文件的名称。

（2）菜单栏　　位于标题栏下方，包括"文件""编辑""视图"等12个功能菜单，每个菜单名称后边有一个带括号的字母，利用<Alt+字母>快捷键可快捷打开每个菜单的子菜单。

（3）工具栏　　位于菜单栏下方，由许多图标组成，可执行一些基本功能，例如"新建""打开""保存""打印"等。

（4）属性栏　　位于工具栏下方，属性栏根据用户所选择的工具或对象不同会显示不同的相关属性。

（5）工具箱　在默认状态下，工具箱位于软件界面的最左侧，工具箱中放置了用户经常使用的编辑或绘图工具，单击其中某个图标即可选择此工具。有些工具图标的右下角显示有黑色三角图形，表示此工具下还含有一个或多个隐藏工具。

（6）调色板　在默认状态下，调色板位于软件界面的最右侧，利用调色板可以快速为编辑对象填充内部和轮廓颜色。

（7）泊坞窗　一般情况下不可见，当调出之后位于软件页面右上角。泊坞窗是对对象进行调整的窗口，形状小巧，有很强的交互性。

（8）绘图区　绘图区位于软件操作界面的中间，它是编辑和绘制图形的主要区域，只有存在于绘图区内的图形才能够被导出和打印。

CorelDRAW X7文件基础操作

【新建和打开文件】

（1）新建文件
◆　单击"菜单栏"中的"文件"→"新建"命令。
◆　单击"工具栏"中的"新建"按钮。
◆　使用快捷键<Ctrl+N>。

（2）打开文件
◆　单击"菜单栏"中的"文件"→"打开"命令。
◆　单击"工具栏"中的"打开"按钮。
◆　使用快捷键<Ctrl+O>。

【保存和关闭文件】

（1）保存文件
◆　首次保存源文件，需要单击"菜单栏"中的"文件"→"另存为"命令，在弹出的"保存绘图"对话框中输入保存文件名，并选择需要保存的源文件类型，一般推荐选择CDR类型，如图0-3所示。
◆　非首次保存的源文件，只需要单击"菜单栏"中的"文件"→"保存"命令，或单击"工具栏"中的"保存"按钮，即可快速保存修改后的源文件。

(2) 关闭文件

◆ 单击"菜单栏"中的"文件"→"关闭"命令。

◆ 单击绘图窗口右上角的"关闭" ✕ 按钮。

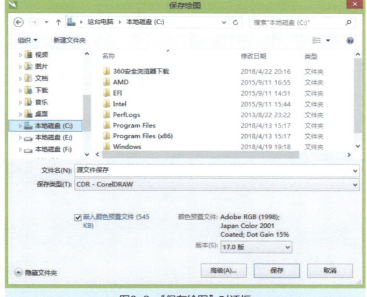

图0-3 "保存绘图"对话框

注意

如果文件未保存，此时会弹出对话框，询问是否保存文件，如图0-4所示。单击"是"，则保存文件；单击"否"，则不保存文件；单击"取消"，则取消关闭操作。

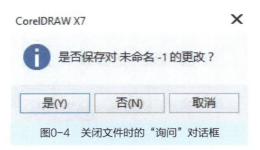

图0-4 关闭文件时的"询问"对话框

【导入和导出文件】

(1) 导入文件

◆ 单击"菜单栏"中的"文件"→"导入"命令。

◆ 使用快捷键<Ctrl+I>。

（2）导出文件

◆ 若要保存图片文件，需要选择"菜单栏"中的"文件"→"导出"命令，在弹出的"导出"对话框中输入保存文件名，并选择需要保存的文件类型，一般推荐选择JPG、PNG或TIF类型，如图0-5所示。

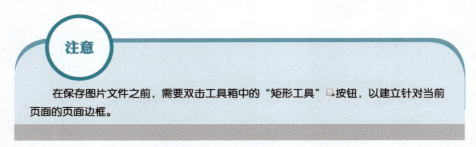

注意

在保存图片文件之前，需要双击工具箱中的"矩形工具" 按钮，以建立针对当前页面的页面边框。

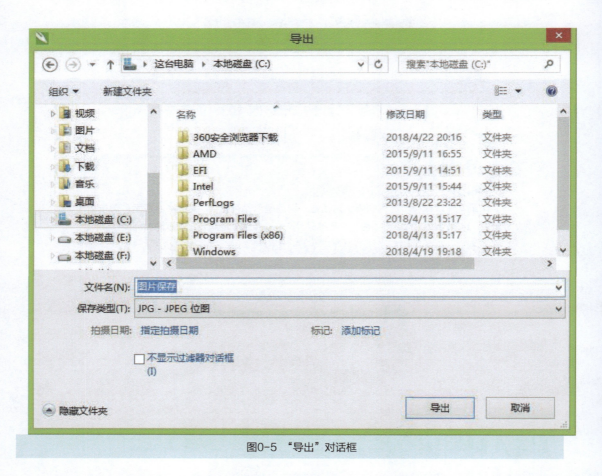

图0-5 "导出"对话框

◆ 导出JPG图片文件时，会弹出"导出到JPEG"对话框，如图0-6所示，其中颜色模式和质量有多个类别可供选择。

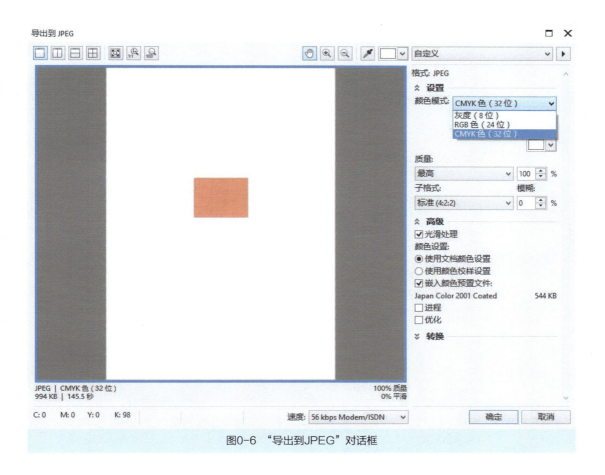

图0-6 "导出到JPEG"对话框

修改页面属性

  利用"选择工具" ↘ 的"属性栏"可以进行页面的一系列设置，"属性栏"如图0-7所示。同时，还可以单击"菜单栏"中的"工具"→"选项"命令，在"选项"对话框中进行更改，如图0-8所示。

【设置页面方向】

  ◆ 一般默认页面为纵向页面，如果想使用横向的页面，可以单击"属性栏"上的"横向" □ 按钮。如果想更改回纵向的页面，则可以单击"属性栏"上的"纵向" □ 按钮。

  ◆ 还可以单击"选项"对话框中的"文档"→"页面尺寸"命令来设置页面方向。

"页面尺寸"对话框如图0-9所示。

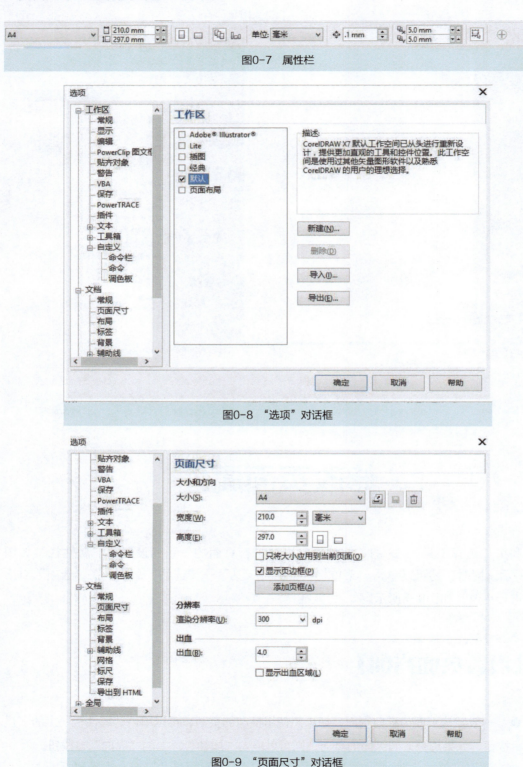

图0-7　属性栏

图0-8　"选项"对话框

图0-9　"页面尺寸"对话框

【设置页面尺寸】

一般默认页面为A4（210～297mm）的尺寸大小，如果此尺寸不符合需要，则可以输入宽度及高度数值，自定义文档的页面大小。

◆ 通过"选择工具"的"属性栏"进行设置。

◆ 利用"选项"对话框中的"文档"→"页面尺寸"命令来设置页面大小。

【设置页面背景】

通过对页面背景的设置，可实现不同的页面效果，CorelDRAW X7有3种设置，分别是无背景、纯色和位图背景，均可单击"选项"对话框中的"文档"→"背景"命令来设置。"背景"对话框如图0-10所示。

图0-10 "背景"对话框

设置页面视图

【设置视图的显示方式】

在绘图窗口中，用户可以改变视图的显示模式，从而改变图形或图像的外观，在

CorelDRAW X7中，提供了6种视图模式以供选择，可在菜单栏"视图"下进行切换和选择。

（1）"简单线框"模式　此模式只显示图形轮廓，不显示内容的填充。这个模式下的彩色位图以灰度的形式出现，这种模式适合于需要调整图形外部轮廓时使用。

（2）"线框"模式　此模式与"简单线框"模式类似，只显示单色图像和轮廓，不显示填充效果。

（3）"草稿"模式　此模式图形以较低的屏幕分辨率显示，图形的显示效果较为粗糙，但占计算机内存小，因此计算机的运行速度会较快。

（4）"普通"模式　通常情况下默认使用这种模式，能够高分辨率地显示所有的颜色效果，既保证了图形显示质量，又保持正常的计算机运行速度，建议无特殊情况时使用此模式。

（5）"增强"模式　此模式下图形以最高分辨率来显示，显示效果最好，但占用内存大，计算机运行速度会较慢。

（6）"像素"模式　此模式下的所有图形以位图的形式显示，色彩较丰富，但当显示比例超过一定程度时，会出现马赛克导致模糊失真。

【设置视图的显示比例】

软件视图的显示比例可依靠缩放来进行调整，缩放是按指定的百分比同时改变对象水平方向和垂直方向的大小，从而改变对象在屏幕上的显示大小。修改方法有以下几种：

◆　依靠鼠标滚轮的滚动进行视图显示比例的缩小和放大。

◆　采用"缩放工具"🔍及其"属性栏"进行视图显示比例的缩小和放大。"缩放"属性栏如图0-11所示。

图0-11　"缩放"属性栏

【移动视图】

如果放大后的图像大于画布的尺寸，或者图像的当前状态偏离了显示区域，可以对视图进行移动。移动方法有以下几种：

◆　单击"工具栏"中的"平移工具"🖐按钮，在画布中进行拖动。

◆　按<H>键可以快速切换至"平移工具"进行拖动。

双击"工具箱"中的"平移工具"按钮，可以在保持当前显示比例不变的情况下，将画面居中显示。

小结

　　导学部分主要讲解了平面设计的基础理论知识和CorelDRAW　X7软件的基础操作知识，通过学习应能够正确掌握文件的新建、保存、关闭及文档属性的设置等基础操作，并了解平面设计的常用分辨率、尺寸和纸张等内容，从而为学习后面的其他知识，打下良好的学习基础。

项目1 标识设计与制作

职业能力目标

1）能使用椭圆形工具、矩形工具、贝塞尔工具和钢笔工具进行标识设计的绘制。

2）能使用调色板进行色彩的基本填充。

3）掌握标识设计的基本原则和色彩选择。

任务1 学校标识制作

任务情境

聊城职业技术学院想要设计一个标识，用于学校的各方面宣传活动中，以扩大学校的影响力。学校领导要求这个标识既要体现教育行业的特点，又要易于大众理解和记忆。同学们，抓紧查看任务书，完成这个任务吧！

接单任务书			
任务	制作聊城职业技术学院标识	尺寸	A4页面（横版）
标志内容	1）图形或图案。 2）辅助文字信息。 3）合理的色彩。		
制作要求	1）比例正确合理。 2）线条流畅无卡顿。 3）颜色填充正确。		

任务分析

本任务需要设计一个学校的标识，在设计时需要考虑以下几点：一是标识的图形要跟学校或地区相关联；二是标识图形要能体现教育行业的特点；三是标识整体要美观大方，积极向上。本任务的设计要求如下：

1）本标识的主图案为聊城职业技术学院"聊"字的拼音首字母"L"。

2）主图案由海鸥和波浪的图形组成，似一只海鸥在海上展翅飞翔，其中的波浪还体现聊城"水城"的地域特点。

3）标识寓意聊城职业技术学院坐落于"江北水城"，在全国高校中展翅飞翔、蒸蒸日上。

聊城职业技术学院标识效果图如图1-1所示。

图1-1 聊城职业技术学院标识效果图

任务实施

步骤1 页面板式设置

按<Ctrl+N>快捷键，新建一个页面尺寸为A4的页面，在"属性栏"中设置页面为横向版式。

步骤2 绘制标识圆形边框

1）绘制圆形边框。在左侧"工具箱"单击"椭圆形工具" ◯ 按钮，按<Ctrl + Shift>快捷键的同时，在页面中心绘制出三个不同大小的同心圆形。

2）填充边框色彩。选中此三个同心圆形后，右击页面右侧"调色板"中的"天蓝色"，为圆形轮廓填充颜色。圆形轮廓填充效果如图1-2所示。

3）调整边框宽度。单击"挑选工具"属性栏中的"轮廓宽度调整工具" ◻ 按钮，将最外框的圆形轮廓宽度调整为2mm，其余2个圆形轮廓宽度为1mm。更改轮廓宽度后的效果如图1-3所示。

图1-2　圆形轮廓填充

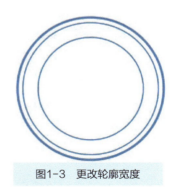

图1-3　更改轮廓宽度

步骤3 绘制标识主图形

1）绘制蓝色圆形。以同样的方法绘制最小的圆形图形，并单击页面右侧"调色板"中的"天蓝色"，将圆形内部填充颜色。圆形填充效果如图1-4所示。

2）绘制主图案。使用"贝塞尔工具"或者"钢笔工具"绘制海鸥和波浪图形，并填充颜色为白色，效果如图1-5所示。

步骤4 添加标识辅助文字

单击"文本工具"按钮，沿内圈圆形依次添加学校中文名称及英文名称。添加文字后的效果如图1-6所示。（备注：将鼠标指针放置在圆形边框时会出现文字符号，此时输入文字可进行文本绕排。）

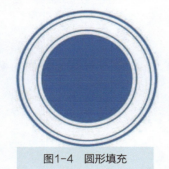

图1-4　圆形填充

图1-5　绘制图形并填充

图1-6　添加文字

任务提示

此任务制作完成后，应注意观察是否符合以下几点内容。
◆　所有圆形是否位于同一圆心。
◆　绘制的主图形线条是否流畅无卡顿。
◆　中英文文字是否正确无误，字间距是否合理。

必备知识

1．调色板的色彩填充

图形对象的基本属性主要包括填充与轮廓两部分。通常情况下，调色板是填充颜色最便捷的途径。用户可以在调色板中快速完成内部填充与轮廓填充，CorelDRAW X7调色板一般为默认调色板，即CMYK四色调色板，如图1-7所示。若想更改调色板，执行"菜单栏"→"窗口"→"调色板"命令进行更改。

填充图形内部颜色：首先单击"选择工具" ▶ 按钮，选择需要填充颜色的对象，然后单击"调色板"中的任意颜色，就可以将此颜色均匀地填充到对象的内部中。若取消图形内部填色，则单击"调色板"中的"无色" ⊠ 按钮。

如果将鼠标置于某种颜色上，长按左键，将显示"弹出式调色板"，该调色板显示出了与这种颜色相近的其他49种颜色，如图1-8所示。

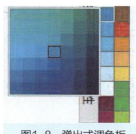

图1-7　默认调色板　　　　图1-8　弹出式调色板

　　填充图形的轮廓颜色：首先单击"选择工具" 按钮，选择需要填充颜色的对象，然后右击"调色板"中的任意颜色，就可以将此颜色均匀地填充到对象的轮廓上。若取消轮廓填色，则单击"调色板"中的"无色" 按钮。

2．折线工具

　　使用"折线工具" 可以绘制出简单曲线或折线，其"属性栏"如图1-9所示。

　　（1）折线工具"属性栏"

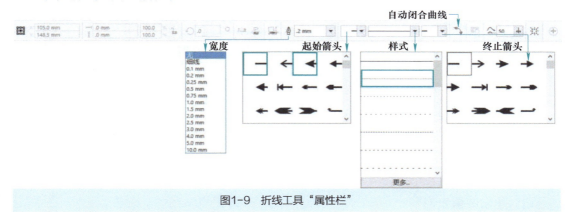

图1-9　折线工具"属性栏"

　◆　起始箭头/终止箭头：线条起始和终止位置的箭头样式。

　◆　样式：线条的样式，如虚线、点线及实线等，单击"更多"按钮，在弹出的对话框中可以自定义编辑线条样式。

　◆　宽度：设置线条的粗细，可以通过选择或输入数值的方式。在平面设计中，需要设置0.08mm以上宽度的线条，才可以被印刷出来。

　◆　"自动闭合曲线"按钮：一般情况下线条的绘制需要手动闭合，若选中此按钮，线条会自动闭合。

　　（2）绘制曲线　使用"折线工具" 绘制曲线的方法如下：

　　1）单击绘图区任意位置以确定第一点。

　　2）按住鼠标左键不放并拖动绘制曲线。

　　3）按<Enter>键结束绘制。

（3）绘制闭合折线　"折线工具" 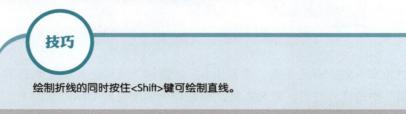除了可以绘制普通的线条外，也可以绘制封闭的图形，从而创建多边形，其绘制方法如下所述。

1）单击绘图区任意位置，以确定第一点。

2）继续单击，确定下一个节点，以此类推从而绘制多点折线。

3）按<Enter>键结束绘制，或回到起点闭合曲线。

技巧

绘制折线的同时按住<Shift>键可绘制直线。

3．矩形工具

（1）绘制直角矩形　单击"工具箱"中的"矩形工具" □按钮，单击鼠标左键，在绘图页面中按住鼠标左键不放，沿对角线方向拖动鼠标指针，在需要的位置绘制完成后松开鼠标，可得到直角矩形。单击页面空白处，取消矩形的选取状态。

技巧

按住<Shift>键的同时使用"矩形工具" □沿着任意方向向外拖动鼠标指针，可以绘制出以单击点为中心的矩形；按住<Ctrl>键可以绘制正方形；按住<Ctrl+Shift>键拖动鼠标指针，则可以绘制出以单击点为中心的正方形。双击"矩形工具"按钮，将自动绘制一个和当前页面一样大小的矩形。

（2）绘制圆角矩形

◆　在"矩形工具" □的"属性栏"上，可以将矩形四角处设置成为圆角效果，并通过调整"转角半径"的数值调整圆角的角度，如图1-10所示。

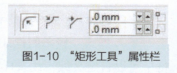

图1-10　"矩形工具"属性栏

◆　单击"形状工具" 按钮并拖动矩形四角处的控制点，也可以使直角矩形成为圆角矩形，其操作过程如图1-11所示。

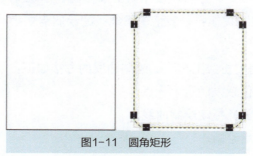

图1-11　圆角矩形

4．椭圆形工具

使用"椭圆形工具"  可以绘制出椭圆形、圆形或饼形，其"属性栏"如图1-12所示。

图1-12 "椭圆形工具"属性栏

（1）绘制椭圆形 使用"椭圆形工具" 绘制椭圆形的方法如下：

1）在绘图区任意位置按住鼠标左键不放。

2）拖曳鼠标指针到需要的位置。

3）松开鼠标，椭圆形绘制完成。

（2）绘制圆形 使用"椭圆形工具" 绘制圆形的方法如下：

1）按住<Shift>键。

2）在绘图区任意位置按住鼠标左键不放。

3）拖曳鼠标指针到需要的位置。

4）松开鼠标，圆形绘制完成，效果如图1-13所示。

（3）绘制饼形 使用"椭圆形工具" 绘制饼形的方法如下：

1）在"椭圆形工具"的"属性栏"中单击"饼形" 按钮。

2）按住<Ctrl>键，在绘图区任意位置按住鼠标左键不放。

3）拖曳鼠标指针到需要的位置。

4）松开鼠标和<Ctrl>键，饼形绘制完成，效果如图1-14所示。

（4）绘制扇形 使用"椭圆形工具" 绘制扇形的方法如下：

1）在绘图区绘制饼形。

2）单击"椭圆形工具"的"属性栏"中的"更改方向" 按钮。

3）扇形绘制完成，效果如图1-15所示

图1-13 绘制圆形　　　　图1-14 绘制饼形　　　　图1-15 绘制扇形

（5）绘制弧形 使用"椭圆形工具" 绘制弧形的方法如下：

1）绘制圆形。

2）单击"椭圆形工具"的"属性栏"中的"弧形" 按钮，得到弧形。

3）单击"椭圆形工具"的"属性栏"中的"更改方向" ↻ 按钮，得到反向弧形，效果如图1-16所示。

图1-16 反向弧形

5．多边形工具

使用"多边形工具" ◌可以快速地创建几何图形，还可以结合"属性栏"更改多边形的边数设置，以绘制不同边数的多边形。使用"多边形工具" ◌绘制多边形的方法如下：

1）在"多边形工具"的"属性栏"中的"点数或边数"数值框中输入边数5，如图1-17所示，输入的边数越大，形状越接近于圆。

2）单击鼠标左键不放，在绘图区内任意位置确定起点。

3）拖曳鼠标指针到任意位置后松开鼠标，即可得到一个五边形，效果如图1-18所示。

技巧

如果要绘制边长相等的多边形，可以按住<Ctrl>键拖动鼠标指针。多边形的边数最少为3，最大为500。

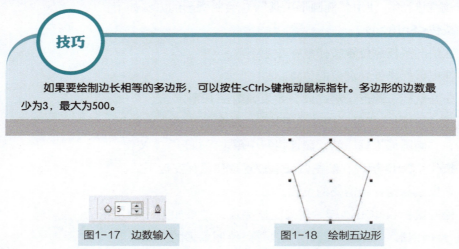

图1-17 边数输入　　　　图1-18 绘制五边形

6．星形工具

使用"星形工具" ☆可快速绘制星形，还可以结合"属性栏"设置点数、边数及锐度，绘制不同的星形。使用"星形工具" ☆绘制星形的方法如下：

1）在"星形工具"的"属性栏"中设置适当的边数及锐度。

2）单击鼠标左键不放，在绘图区内任意位置确定起点。

图1-19 绘制星形

3）拖曳鼠标指针到任意位置后松开鼠标，即可得到一个星形，效果如图1-19所示。

触类旁通

1．标识概念与起源

标识，是品牌的形象图像化的视觉符号，是品牌可以被认出、易于记忆的部分。标识的基本构成包括图形、图案、色彩与字体等。

我国可追溯到的最早的标识为济南一家针铺的标识，"刘家功夫针铺"标识如图1-20所示。其中中间的图案是一只在磨针的兔子，源于"铁杵磨针"的典故。图案上方的文字为"济南刘家功夫针铺"，为店面的名称；图案两侧文字为"认门前白兔儿为记"，意为请买针的人们认清这只兔子图案是刘家的店铺标识，没有这个图案的不是刘家针铺；下部文字为"收买上等钢条，造功夫细针，不误宅院使用，转卖兴贩，别有加饶，请记白"，这句相当于宣传语和警告词。

图1-20 "刘家功夫针铺"标识

2．标识的影响力与便捷性

当人们看到标识，不需要文字的提示，就知道标识的意思，这就是标识最重要的影响力。如图1-21所示的一组标识，人们看到就能随口脱出这分别是麦当劳、耐克和苹果公司的标识，即使标识旁边没有放置任何文字。这说明标识：

图1-21 "麦当劳""耐克"和"苹果"标识

1）是最直接、最具有传播力的图形化语言。
2）能够克服语言或文字的障碍。
3）容易被人识别、理解和记忆。
4）能够引发品牌联想，激发消费欲望。

3．标识设计的基本原则

（1）简洁性 标识是简化的图形语言，所以标识的设计一定是能代表品牌含义的最简约的图案。

（2）功能性　标识的功能性主要体现在两个方面，一是体现在可以被人迅速识别，二是体现在传达的寓意清晰一致。一个标识，拿给五个人看，至少四个人能在五秒钟左右就能准确识别出标识是何含义，并且每个人理解的标识含义一致，这就是一个好的标识。

（3）视觉性　即标识的艺术性，简单说就是需要好看、美观，符合主流和大众的审美思想。

4．识别标识的能力

每个标识都有其独特的代表意义，作为平面设计人员，首先要有识别标识含义的能力，才能进一步自主设计符合品牌形象或含义的标识。这需要在日常生活中多看、多练、多积累素材。

任务2 示范性综合实践基地标识制作

任务情境

示范性综合实践基地是一个对学生进行户外拓展训练和综合素质培养的一体化场所，基地目前刚刚建设完成，将于一周后进行揭牌仪式，但是牌匾上的基地标识还未进行设计，同学们，抓紧查看任务书，完成这个任务吧！

接单任务书	
任务	为示范性综合实践基地制作标识
设计要求	1）包含"蒲公英"形图案和"人"形图案。 2）标识色彩积极向上，符合实践基地的文化特征。 3）标识中的文字大小及放置位置要合情合理。
制作要求	1）比例正确合理。 2）线条流畅。 3）颜色填充正确。

任务分析

1）蒲公英花朵朴实，成熟后的种子随风飘散。以"蒲公英"形图案作为校外教育标识，寓意着青少年在校外活动中自由放飞、追逐梦想。

2）九个双手托起蓝天的"人"形和绿色花茎图案象征着青少年在求知探梦的花季年华绽放出无限的创造力。

3）标识色彩选用橘黄色和绿色，代表青少年热情积极的活力和青春自然的气息。

示范性综合实践基地标识效果图如图1-22所示。

图1-22 示范性综合实践基地标识效果图

任务实施

步骤1 页面板式设置

按<Ctrl+N>快捷键，新建一个A4页面，在属性栏中设置页面为横向版式。

步骤2 绘制"人"形图形

1）绘制"人"形单边图形。在左侧"工具箱"中选择"贝塞尔工具"或"钢笔工具"，绘制"人"形图形的单边图形，效果如图1-23所示。

2）按小键盘上的<+>键，原位复制一个此图形，并单击"挑选工具"的"属性栏"中的"镜像工具" 按钮，将复制后的图形水平翻转，并移动到合适位置，效果如图1-24所示。

3）单击"椭圆形工具" 按钮，按住<Ctrl>键的同时在合适的位置绘制圆形，效果如图1-25所示。

图1-23 绘制"人"形单边图形　　图1-24 镜像图形　　图1-25 绘制正圆

4）选中绘制好的整个图形，右击"群组" 按钮，将3个单独的图形编组成一个整体。

步骤3 绘制"蒲公英"图形

1）绘制"蒲公英花瓣"图形。将单个"人"形图形使用"旋转工具" 旋转342度进行倾斜变换。右击"人"形图形进行拖动，复制出八个同样的图形，并调整角度和大小，放置在合适的位置，并且编为"群组"，效果如图1-26所示。

2）绘制"蒲公英花茎"图形。使用"贝塞尔工具"或"钢笔工具"绘制"花茎"图形。效果如图1-27所示。

　　3）填充标识色彩。在"菜单栏"单击"窗口"→"泊坞窗"→"颜色"命令，调出
"颜色泊坞窗"。选中"蒲公英花瓣"群组，填充内部颜色为橘黄色，CMYK数值为0、
50、100、0，填充轮廓颜色为无色。选中"蒲公英花茎"图形，填充内部颜色为绿色，
CMYK数值为40、5、100、0，同样填充轮廓颜色为无色，效果如图1-28所示。

| 图1-26　复制图形 | 图1-27　绘制"花茎"图形 | 图1-28　填充颜色 |

步骤4　添加文字信息

　　添加标识的文字信息，在"工具箱"中单击"文字工具" 字 按钮，在标识的右下角空
白处输入"示范性综合实践基地"文字，字体字号分别设置为方正准黑简体，130pt，设置
颜色CMYK数值为0、0、0、75，示范性综合实践基地标识效果图如图1-29所示。

> **注意**
>
> 　　此标识的文字内容摆放在右下角是因为标识图形偏左上，且右下角出现空白区域，
> 所以为了防止整体标识的不平衡感，特将文字摆放在偏右下角的位置以保持标识整体的
> 稳定性。文字的颜色没有选择常规黑色而选择"75"的灰色，是因为标识图形颜色欢
> 快，若文字选用黑色则显得过于突兀和厚重。

图1-29　示范性综合实践基地标识效果图

任务提示

此任务完成后，应注意观察是否符合以下几点内容。

◆ 色彩的数值是否设置正确。

◆ 文字标题的位置、字号、字间距是否合理。

◆ 曲线的绘制是否流畅自然。

必备知识

1. 基本形状工具

CorelDRAW X7软件新添加了绘制一些常用形状的工具，可同样在"工具箱"中找到，分别有"基本形状工具" 、"箭头形状工具" 、"流程图形状工具" 、"标题形状工具" 和"标注形状工具" 。这些工具的用法大同小异，可帮助用户快速创建常用的基本形状。用"基本形状工具"绘制基本形状的方法如下。

1）在"基本形状工具"的"属性栏"中单击"完美形状" 按钮，选择需要的基本图形，如图1-30所示。

2）单击鼠标左键不放，在绘图区内任意位置确定起点。

3）拖曳鼠标指针到任意位置后松开鼠标，即可得到一个基本形状，效果如图1-31所示。

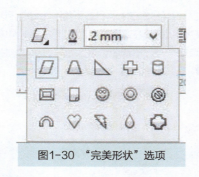
图1-30 "完美形状"选项

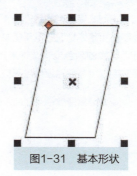
图1-31 基本形状

2. 贝塞尔工具

使用"贝塞尔工具" 可以绘制平滑、精确的直线和曲线，这些线条均由节点与线段构成，每一次单击即可创建一个节点，节点与节点之间自动生成连接线。

绘制曲线时，可以通过控制节点的两端手柄，改变曲线弯曲的曲度，并且可以对组成曲线的节点的位置和数目进行精确地控制。

技巧

此工具的应用熟练度需要大量的操作练习做前提，特别是关于曲线的方向、角度及节点的控制，需要大量的训练，才能正确掌握。

下面介绍"贝塞尔工具" 的绘图基本操作。

（1）绘制直线　使用"贝塞尔工具" 绘制直线的方法如下：

1）在"工具箱"中选择"贝塞尔工具"。

2）单击绘图区任意位置，以确定直线起点。

3）拖曳鼠标指针到任意位置后再次单击，以确定直线终点。

4）按<空格>键完成直线的绘制。

5）重复上一步以绘制多条连续的直线。效果如图1-32所示。

技巧

如果绘制开放线条路径，可按<空格>键结束绘制，如果绘制闭合路径，则需要回到起点进行闭合才能结束绘制。

（2）绘制曲线　使用"贝塞尔工具" 绘制曲线的方法如下：

1）在"工具箱"中单击"贝塞尔工具" 按钮。

2）单击绘图区内任意位置，同时拖动鼠标指针，出现位于节点两端的控制手柄，以确定曲线起点，如图1-33所示。

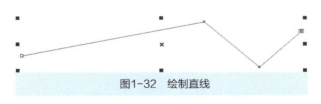

图1-32　绘制直线

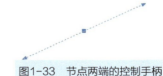

图1-33　节点两端的控制手柄

3）拖曳鼠标指针到任意位置后再次单击，并同时拖动鼠标指针，出现控制手柄。

4）按<空格>键完成曲线的绘制。

5）如果要绘制连续的曲线，可以继续在下一个节点单击并拖动鼠标指针。

6）若想要闭合曲线，需要最后回到起点。当鼠标指针状态变为闭合光标时，单击进行闭合。

技巧

当节点两端的手柄拖动的方向和长短不同时，绘制出来的曲线的高度和倾斜度是不同的，但需要注意的是，只有在未释放鼠标的情况下才能够编辑控制手柄，对于已经创建完成的控制手柄，需要使用"形状工具" 去选中节点再进行编辑。

（3）曲线后转直线　使用"贝塞尔工具"绘制曲线转直线的方法如下：

1）绘制出曲线 ，如图1-34所示。

2）双击中心节点位置，以去除一侧的控制手柄，如图1-35所示。

3）继续绘制，注意不要拖动出控制手柄，即可得到直线图形，如图1-36所示。

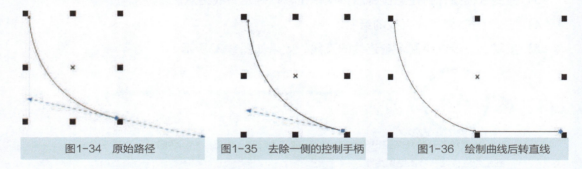

图1-34　原始路径　　　　　图1-35　去除一侧的控制手柄　　　　　图1-36　绘制曲线后转直线

（4）绘制过程中移动节点位置　　在绘制曲线的过程中，在释放鼠标左键添加节点前，按住<Alt>键可移动该节点的位置，如图1-37所示是绘制图形时添加的第3个节点，图1-38所示是在按住鼠标左键和<Alt>键调整其位置后的状态。

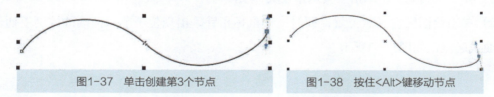

图1-37　单击创建第3个节点　　　　　　图1-38　按住<Alt>键移动节点

3. 钢笔工具

因"钢笔工具" 和"贝塞尔工具" 的功能相同，用法也基本一致，以下仅讲解"钢笔工具"与"贝塞尔工具"的两个不同之处。

（1）去除节点一侧的控制手柄　　要去除一侧的控制手柄，需要按住<Alt>键的同时，在该节点上单击，如图1-39所示。

（2）预览下一节点的图形状态　　使用"钢笔工具"

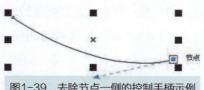

图1-39　去除节点一侧的控制手柄示例

绘制路径时，在单击出现节点前，会出现蓝色虚线自动预览光标移至下一节点时的图形状态，以便于更清楚地看到下一步绘制得到的图形。此功能一般默认开启，若未开启，可在"钢笔工具"的"属性栏"中单击"预览模式" 按钮。

（3）自动添加/删除节点　选中"属性栏"上的"自动添加或删除节点" 按钮，此时在"钢笔工具"绘制的曲线线条中无节点的位置，单击就可以添加节点，反之，如果单击有节点的位置，即可删除节点。

触类旁通

1．标识设计中的色彩情感

色彩带有其独特的情感属性，不同的色彩带给受众不同的心理感受。在标识设计中，应考虑企业的经营理念、文化特色、经营内容和特点，以及受众群体对色彩的喜好和审美习惯来进行标识的色彩选择。

蓝色：天空、海洋的颜色，给人冷静、可靠、安全的情感联想，所以蓝色经常应用在科技、工业类企业的标识设计中，如图1-40中的惠普公司标识、英特尔公司标识等。

图1-40 "蓝色"标识

绿色：森林的颜色，给人健康、环保、清新的情感联想，所以绿色经常应用在医疗、保险、通信企业的标识设计中，如图1-41中的中国邮政标识、中国人寿标识等。

全国药品零售企业统一标识

图1-41 "绿色"标识

红色：鞭炮、焰火的颜色，给人热情、活力的情感联想，所以红色经常应用在服装、餐饮品牌的标识设计中，如图1-42中的李宁标识、肯德基标识等。

图1-42 "红色"标识

橙色：太阳的颜色，给人温暖的情感联想，所以橙色经常应用在食品、石化品牌的标识设计中，如图1-43中的麦当劳标识、壳牌标识等。

图1-43 "橙色"标识

粉色：给人甜美、可爱的情感联想，所以粉色经常应用在少女品牌、母婴品牌的标识设计中。

黑色：给人成熟、永恒的情感联想，所以黑色经常应用在奢侈品品牌、男装品牌的标识设计中。

紫色：给人神秘、魅惑的情感联想，所以紫色经常应用在女性护肤品牌的标识设计中。

棕色：给人自然、怀旧的情感联想，所以棕色经常应用在家居品牌的标识设计中。

2. 标识设计的用色原则

(1) 用色单纯　尽量选取明度大、纯度高的色彩，对视觉的冲击力比较强。

(2) 符合企业特征　要选取贴合企业品牌形象及企业文化的色彩。

(3) 少即是多　标识的用色一般不超过三种颜色，越少越好。

(4) 善用对比色　可以选用蓝色与橙色、紫色与黄色的对比色来加强对比。

项目小结

本项目主要讲解了各种图形基本形状的绘制工具和绘制方法，以及对图形属性的设计方法。通过本项目的学习，应该熟悉掌握各类几何图形工具的使用，熟练完成各类曲线的绘制。由于贝塞尔工具和钢笔工具的使用难度较大，建议多进行绘制练习，以达到熟练的目的。

实战强化　书展活动标识制作

练习要点：使用矩形工具、折线工具、贝塞尔工具或钢笔工具进行书展标识的绘制，并使用调色板对其进行色彩的基本填充。

书展活动标识效果图如图1−44所示。

图1−44 书展活动标识效果图

项目 2　名片设计与制作

职业能力目标

1）能够进行渐变填充、图样填充和底纹填充。

2）掌握文本工具、挑选工具、颜色泊坞窗的基本应用方法。

3）了解名片设计的基本要求和构成要素。

任务　教师名片制作

任务情境

　　某职业学院信息学院的老师要为学校的招生做宣传，但是老师们却没有统一的名片，他们想要一个区别于其他专业的独特风格的名片。同学们有什么想法吗？抓紧查看任务书，帮老师们设计一下吧！

接单任务书			
任务	制作信息学院教师名片	尺寸	94mm×58mm
名片内容	正面： 1）教师姓名、职称、职务； 2）联系电话、邮箱、QQ号码； 3）学校标识和标准字体。	反面： 1）信息学院5个专业名称； 2）信息学院宣传语。	
设计要求	1）具备信息学院专业特点； 2）整体设计简洁大方； 3）控制印刷成本。		

任务分析

　　本任务需要设计并制作一份名片，在设计时需要考虑以下几点：一是名片的使用单位是信息学院，要体现信息类特点；二是要体现教师职业的端庄大方之感；三是要控制纸张成本。本任务的设计要求如下：

　　1）在设计情感中，蓝色给人的感觉为专业、科技、领先，所以名片颜色选用蓝色。

　　2）为体现信息专业特点，在名片背面增加互联网相关的辅助图形。

　　3）为控制印刷成本，又保证质感，名片印刷纸张可选择200g左右米色或白色哑粉纸。（信息学院教师名片效果图如图2-1所示。）

 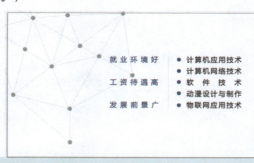

图2-1　信息学院教师名片效果图

步骤1 名片页面尺寸设置

按<Ctrl+N>快捷键，新建一个A4页面，在"属性栏"中分别设置纸张宽度为94mm，纸张高度为58mm，按<Enter>键，页面尺寸显示为设置的大小，效果如图2-2所示。

步骤2 导入我校标识与标准字体

按<Ctrl+I>快捷键，弹出"导入"对话框，选择素材中的"第3章－信息学院名片－聊城职业技术学院标识组合"文件，单击"导入"按钮，在页面中导入图片，将图片放置在右上位置，效果如图2-3所示。

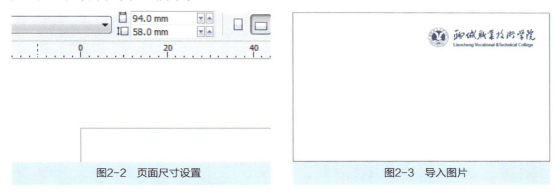

图2-2　页面尺寸设置　　　　　　　　　　　图2-3　导入图片

步骤3 输入文字内容

在左侧"工具箱"中选择"文本工具"字按钮，在页面相应位置依次输入"教师姓名、职称、职务、联系方式"等需要的文字。选择"选择工具"按钮，选中刚才输入的文字，分别在"属性栏"中选择合适的字体和大小，设置"教师姓名"的字体字号为"方正宋刻本秀楷简，14pt"，设置"职称、职务"的字体字号为"汉仪中等线简，6pt"，设置"地址、网址"的字体字号为"方正兰亭粗黑，6pt"，设置其他文字信息的字体字号为"黑体，5.5pt"，效果如图2-4所示。

步骤4 更改文字颜色

1) 使用"选择工具"选中文字"地址：山东省聊城市花园北路133号"，单击"菜单栏"中的"窗口"→"调色板"→"彩色"命令，调出"颜色泊坞窗"，设置文字颜色的CMYK值为95、80、20、0，如图2-5所示。

2）单击"填充"按钮填充文字，并继续依次更改文字"TEL""QQ""EMAIL"的颜色，效果如图2-6所示。

图2-4　输入文字

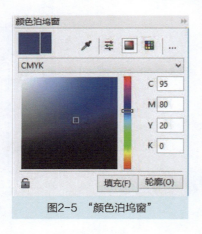

图2-5　"颜色泊坞窗"

图2-6　填充颜色

步骤5　添加渐变矩形框

1）选择"矩形工具"▢按钮，在相应位置绘制矩形框。

2）单击"菜单栏"中的"窗口"→"对象"→"对象属性"命令，调出"对象属性"泊坞窗，单击"填充"◇按钮，在"填充类型"下拉列表中选择"渐变填充"，并设置"渐变颜色"为从"CMYK值95、80、20、0"至"CMYK值10、0、0、0"的渐变，如图2-7所示，页面效果图如图2-8所示。

步骤6　绘制虚线线条

1）单击"折线工具"△按钮，按住<Shift>键的同时在相应位置绘制4条直线。

2）单击"折线工具"的"属性栏"，设置"轮廓宽度"为0.15mm，"线条样式"为虚线，如图2-9所示，将直线线条转化为虚线线条。

3）右击"调色板"中的浅灰色，为轮廓填充颜色。信息学院教师名片的正面制作完成，效果图如图2-10所示。

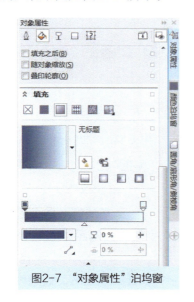

图2-7 "对象属性"泊坞窗

图2-8 页面效果图

图2-9 设置轮廓

图2-10 信息学院教师名片正面效果图

步骤7 绘制名片反面辅助图形

1）在页面左下方单击"新建页面" 按钮，新建"页2"，用以制作名片的反面。

2）选择"椭圆形工具" 按钮，按住<Ctrl>键的同时在页面左侧相应位置绘制多个圆形，并填充颜色为浅灰色，效果如图2-11所示。

3）选择"折线工具" 按钮，在圆形图案之间绘制直线，将圆形连接在一起，组成一个具有科技感的辅助图案，效果如图2-12所示。

图2-11　绘制正圆

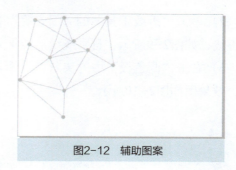

图2-12　辅助图案

步骤8　输入文字信息

1）选择"文本工具"字按钮，在页面右侧输入文字信息，分为3句广告语和5个专业名称。其中，3句广告语的文字设置为"微软雅黑字体、7.5pt、黑色"，5个专业名称的文字设置为"微软雅黑、加粗、6.5pt、黑色"。

2）单击"菜单栏"中的"窗口"→"泊坞窗"→"文本"→"文本属性"命令，调出"文本属性"泊坞窗，单击"段落"按钮，设置广告语文字的"行间距"为250%，"字符间距"为169%，如图2-13所示。

3）同理，设置专业名称文字的"行间距"为138%，"字符间距"为86%，效果图如图2-14所示。

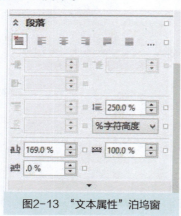

图2-13　"文本属性"泊坞窗

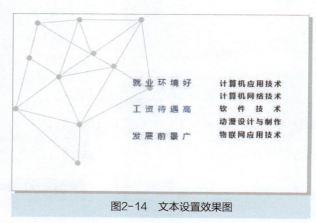

图2-14　文本设置效果图

步骤9　绘制辅助线条和图形

1）选择"折线工具"按钮，按住<Shift>键的同时在文字中间位置绘制一条细直线，并填充直线颜色为浅灰色，如图2-15所示。

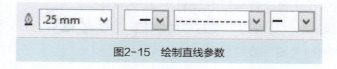

图2-15　绘制直线参数

2）在"选择工具"的"属性栏"中将直线的属性设置为如下参数："轮廓宽度"0.25mm，"线段样式"为虚线线段，效果图如图2-16所示。

3）选择"椭圆形工具" ⬭ 按钮，按住<Ctrl>键的同时在专业名称前绘制5个同样大小的圆形，并填充颜色为浅灰色，信息学院教师名片反面最终效果图如图2-17所示。

图2-16 绘制直线效果图

图2-17 信息学院教师名片反面最终效果图

任务提示

此任务完成后，应注意观察是否符合以下几点内容。
- ◆ 使用泊坞窗进行纯色填充和渐变填充；
- ◆ 根据行业或企业特点进行设计时的颜色选择；
- ◆ 根据名片文字不同级别，进行不同的字体、字号选择。

必备知识

1. 渐变填充

渐变填充是为对象创建渐变过渡效果的填充方式，即一种颜色沿一定方向向另一种颜色逐渐过渡，逐渐混合直到最后完全变成另一种颜色。渐变填充功能在设计制作中经常被应用。下面将详细讲解CorelDRAW X7中渐变填充的操作方法及技巧。

（1）使用"对象属性"泊坞窗填充 使用"对象属性"泊坞窗进行填充的方法如下：

1）绘制基本图形。

2）单击"菜单栏"中的"对象"→"对象属性"命令，调出"对象属性"泊坞窗。

3）单击"填充" 🖌 按钮后，单击渐变填充按钮 ▦ ，即可设置关于渐变的基本参数，如图2-18所示。

图2-18 "对象属性"泊坞窗

"对象属性"泊坞窗中的渐变填充基本参数解释如下：

1）渐变类型。在"对象属性"泊坞窗中有4种渐变类型可供选择，这4种渐变类型分别是"线性渐变"■按钮、"椭圆形渐变"■按钮、"圆锥渐变"■按钮和"矩形渐变"■按钮。这4种渐变类型所取得的渐变效果图如图2-19所示。

2）节点位置。"节点位置"按钮用于控制起、止颜色的范围，其数值可设置为0%～100%，数值越小，起始颜色的范围越大，终止颜色的范围越小；数值越大，起始颜色的范围越小，终止颜色的范围越大。图2-20所示为"节点位置"数值分别为80%和10%的效果图。

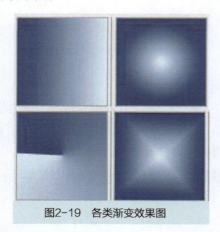

图2-19 各类渐变效果图

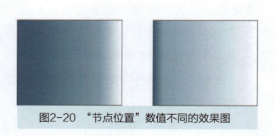

图2-20 "节点位置"数值不同的效果图

3）填充挑选器。将指针放置于"填充挑选器"窗口处，可以通过单击改变当前渐变的中心点，图2-21所示就是在不同位置单击时，得到的不同中心点渐变效果。

图2-21　移动渐变的中心点

（2）使用"编辑填充"对话框填充　如果需要精确地控制"渐变填充"的渐变角度、渐变方向、渐变颜色等属性，需要单击"编辑填充" ![按钮]按钮，调出"编辑填充"对话框进行填充设置，如图2-22所示。

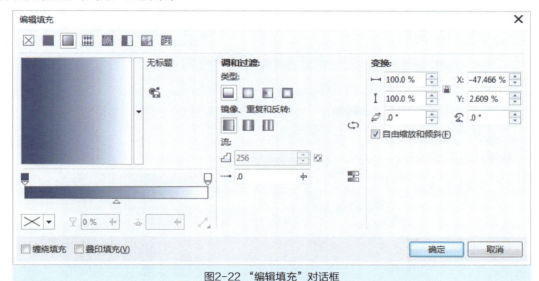

图2-22　"编辑填充"对话框

技巧

　　若在左侧工具箱中找不到"编辑填充"工具，则说明该工具默认被隐藏，可单击工具箱下方的 ![加号]按钮调出"隐藏工具栏"，在其中找到"编辑填充"工具，将其勾选，如图2-23所示，此时"工具箱"中便会出现此工具。

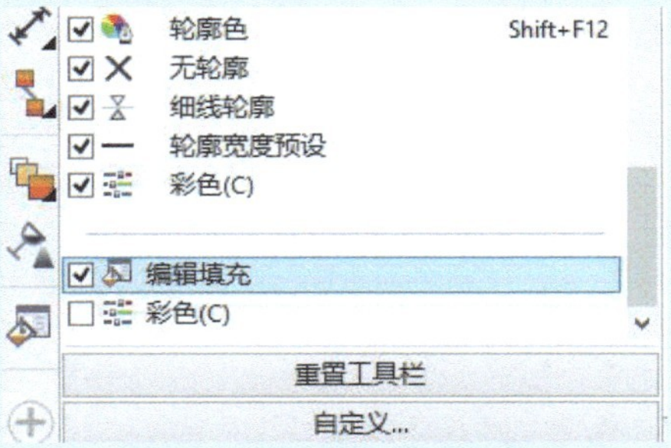

图2-23　添加隐藏工具

1）新增渐变颜色。设置多个渐变颜色的方法如下：

① 单击"编辑填充" ⬛ 按钮，调出"编辑填充"对话框。

② 在预览色带任意位置快速双击，产生一个黑色倒三角符号 ⬛ ，如图2-24所示。

③ 单击"节点颜色" ⬜▪ 按钮右侧的倒三角符号▪ ，即可设置新增渐变颜色，如图2-25所示。

④ 再次双击黑色倒三角符号，则删除渐变颜色。

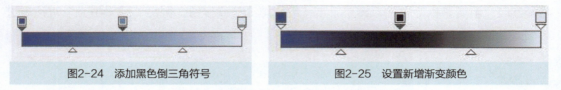

图2-24　添加黑色倒三角符号　　　　　　　图2-25　设置新增渐变颜色

2）重复和镜像渐变填充。设置重复和镜像渐变填充的方法如下：

① 单击"编辑填充" ⬛ 按钮，调出"编辑填充"对话框。

② 单击"重复和镜像" ⬛ 按钮。

③ 设置"变换值"为25%，如图2-26所示。

④ 完成重复和镜像渐变填充，效果如图2-27所示。

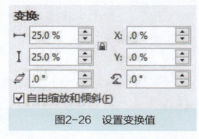
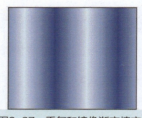

图2-26　设置变换值　　　　　　　　　　　图2-27　重复和镜像渐变填充

3）重复填充。设置重复渐变填充的方法如下：

① 单击"编辑填充" ⬛ 按钮，调出"编辑填充"对话框。

② 单击"重复" ⬛ 按钮。

③ 设置"变换值"为25%，如图2-28所示。

④ 完成重复渐变填充，效果如图2-29所示。

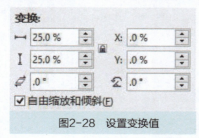
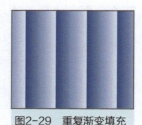

图2-28　设置变换值　　　　　　　　　　　图2-29　重复渐变填充

2．图样填充

图样填充分为向量图样填充 ⬛ 、位图图样填充 ⬛ 和双色图样填充 ⬛ 3种填充方式，单击"编辑填充" 🖼 按钮，在弹出的"编辑填充"对话框中单击相应的填充按钮，如图2-30所示。

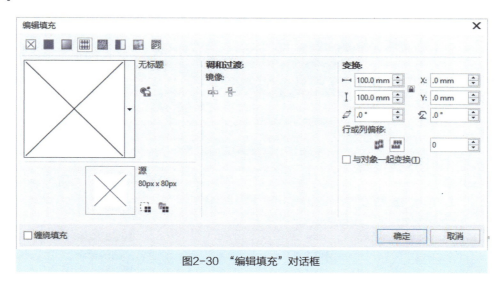

图2-30　"编辑填充"对话框

上述3种图样填充方式的不同点在于只有双色图样填充可以选择软件自带的图案进行填充，如图2-31所示，其他两种图样填充的样式需要联网选择或从计算机的图片中选择。

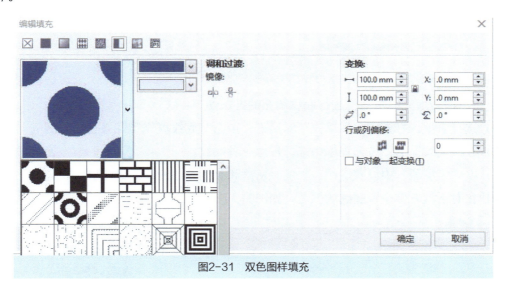

图2-31　双色图样填充

3．底纹填充

使用底纹填充可以给对象填充各种纹理，模拟真实纹理的效果。底纹填充有两种方式，其一是在"对象属性"泊坞窗中将"填充类型"设置成为"底纹填充"，如图2-32所示；其二是在"编辑填充"对话框中将"填充类型"设置为"底纹填充"，如图2-33所示。

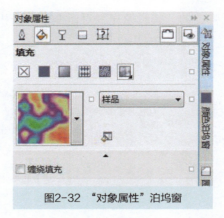

图2-32 "对象属性"泊坞窗

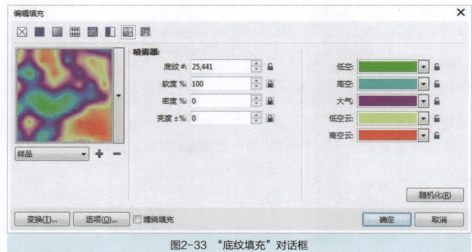

图2-33 "底纹填充"对话框

使用"编辑填充"对话框进行底纹填充的方法如下：

1）选择对象，打开"编辑填充"对话框，单击"底纹填充" ▦ 按钮。

2）在"底纹"的下拉列表框中选择任意一种底纹。

3）在"喷雾器"中设置底纹、软度、密度和亮度，如图2-34所示。

4）在对话框右侧设置底纹的颜色，如图2-35所示。

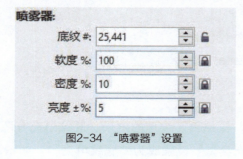

图2-34 "喷雾器"设置

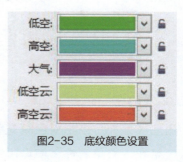

图2-35 底纹颜色设置

4．轮廓线工具

在CorelDRAW X7中所创建的每一个图形都具有轮廓线，我们可以改变轮廓线的颜色、宽度、样式等，这需要使用"轮廓笔"工具 ，其对话框如图2-36所示。

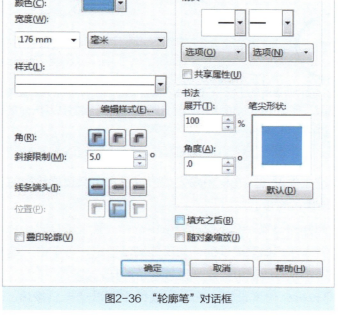

图2-36　"轮廓笔"对话框

技巧

　　若在左侧工具箱中找不到"轮廓笔"工具，则说明该工具默认被隐藏，可单击工具箱下方的"+" 按钮调出"隐藏工具栏"，在其中找到"轮廓笔"，将其勾选，如图2-37所示，此时"工具箱"中便会出现此工具。

图2-37　添加"轮廓笔"

"轮廓笔"对话框中常用的参数如下：

◆ 颜色：轮廓颜色设置。在下拉的颜色块中可以选择任意一种颜色将其设置为轮廓颜色。

技巧

轮廓色有2种快速填充方法，一是右击右侧的"调色板"，即可为对象快速填充轮廓色；二是将一种颜色从"调色板"拖动到对象的边缘上，当指针变为一个带颜色的空心矩形框时松开鼠标，即可为对象快速填充轮廓色。

◆ 宽度：轮廓宽度设置。在框中输入数值可以自定义设置轮廓的宽度，在下拉列表框中可以直接选择轮廓的宽度。

◆ 样式：轮廓样式设置。在下拉列表框中选择一种线条样式，就可以设置轮廓的样式，有多种样式可供选择。如果提供的样式不能满足要求，可单击"编辑样式"按钮，在弹出的"编辑线条样式"对话框中自定义设置线条的样式。

◆ 角：轮廓转折处角度设置。在此选项区中可以选择斜接角、圆角、斜角3种样式，以改变轮廓线的转折角度。如图2-38所示为分别设置三种角的效果。

图2-38　角的设置

◆ 线条端头：轮廓线两端端头设置。在此可以设置轮廓线两端的线条样式，有3种可供选择，分别是方形端头、圆形端头、延伸方形端头，一般默认为方形端头。

◆ 箭头：轮廓线两端箭头设置。在此可以设置轮廓是否带有箭头，以及起始和结束位置的箭头样式。

◆ 预览：在此区域中，可以根据当前所设置的参数，查看轮廓的状态。

技巧

在绘制图形时，一般默认为显示黑色轮廓线，但是很多时候轮廓线需要去除，去除对象轮廓线的快速方法为右击右侧"调色板"中的"无色"⊠按钮。

触类旁通

1．名片设计概述

名片是现代社会宣传和推销自我的快速方式，名片作为一种独特用途的媒介，在设计上既要讲究艺术性，又要讲究实用性。因此名片设计必须做到文字简明扼要、设计风格简约大方。

2．名片设计的基本要求

（1）设计简单大方　整体设计简明清楚，构图设计清晰明确。名片设计中文字是主要内容，设计是辅助内容，所以设计切不可喧宾夺主，保持美观大方即可，不能做得太过"花哨"。

（2）信息传达明确　名片上的文字信息需要层级设计明确，并且传达无误，才能便于大家识别与记忆。

3．名片的构成要素

名片的构成要素是指组成名片的各种信息和素材，主要分为两个构成要素，分别是图案要素和文字要素。

图案要素一般包含企业标识和名称、设计图案或图形和辅助线或边框条。文字要素一般包含个人姓名、职务或职称，联系方式和通信地址。

4．名片的纸张选择

名片一般需要印刷成纸质版才能进行使用。在纸张的选择上，一般有以下两种纸张供选择。

（1）卡纸　大部分名片采用卡纸进行印刷，卡纸的优点是价格低廉、纸张厚重、不易弯折，缺点是纸张的印刷效果比较普通，不易表现更多的设计内涵。

（2）特种纸　特种纸张在近几年的名片设计中的使用率大大提高，特种纸的优点是纹理丰富、质感优雅，缺点是价格略高、显色略差。

项目小结

本项目主要讲解了CorelDRAW X7的常用填充与轮廓属性的设置方法。通过本项目的学习，应能够熟练掌握为图形进行渐变、底纹、图样填充，以及不同宽度、样式的轮廓线的设置。

实战强化 个人名片制作

【任务分析】

作为设计专业的一名学生，拥有自己设计的一款精美的名片能够提升自己的专业认可度，同时也便于日后工作和生活使用。个人名片上应具备完整的个人信息、代表颜色以及辅助图形。

【设计理念】

为自己设计名片，可根据自身性格特点选择名片的主色调颜色，性格活泼、热情的人可选用橙色、红色等，性格冷静、内向的人可选用绿色、蓝色、灰色等。另外，还建议同学们画一幅简笔自画像作为辅助图形应用于名片，增加名片的趣味性和欣赏性。

项目 3 报纸编排设计与制作

职业能力目标

1）掌握对象的移动、旋转、编组和锁定等方法。

2）掌握多个对象的对齐与分布方法。

3）掌握主图层的建立和应用方法。

任务　校报编排制作

任务情境

《视界》报纸是学校的一份以图片展示为主的报纸，每期四个版面，每月发行两期，在前期的图片搜集任务完成后，需要对版面进行图文排版，这可是个不小的任务。同学们抓紧时间，开始行动吧！

接单任务书			
任务	为《视界》报纸进行排版处理	尺寸	284mm×414mm（跨页）
任务简介	《视界》报纸为针对学生发放，进行美感培养和提高生活感悟的报纸，主要内容为图片展示，双面四版编辑。		
制作要求	1）图片处理清晰、色彩还原度好。 2）排版设计美观，布局流畅。 3）页面边距设置合理，文本无溢出。		

任务分析

《视界》报纸是一份针对学生的报纸，以图片为主、文字为辅，用以开拓学生眼界。因此，本任务的设计要求如下：

1）因报纸中两版的图片为乡愁记忆图片，所以对此两版图片进行去色处理。

2）其余两版图片为风景和生活美图，保留彩色处理，与黑白版面交相呼应，彩色与黑白、现代与过去、家乡与世界，两相呼应、相得益彰。

3）为展现质感，报纸纸张选用米色纸张。（《视界》报纸效果图如图3-1所示。）

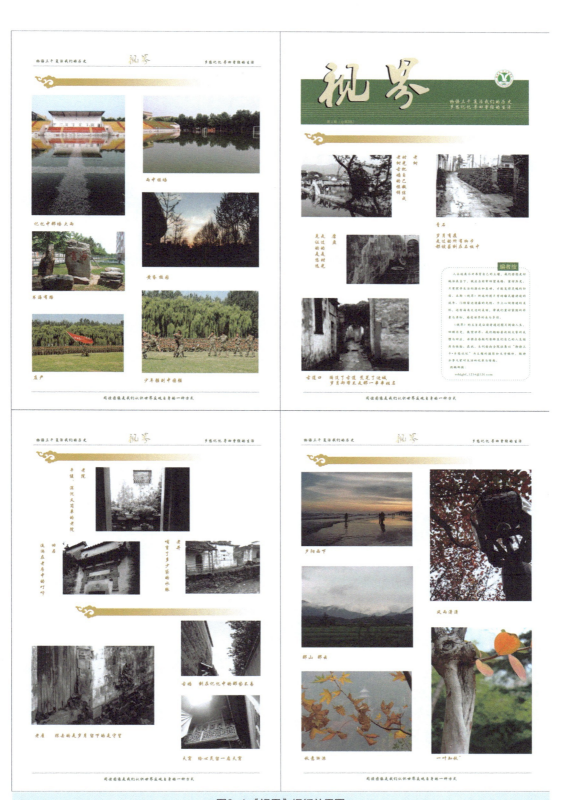

图3-1　《视界》报纸效果图

步骤1 页面尺寸设置

1）按<Ctrl+N>快捷键，新建一个A4页面，在"属性栏"中分别设置纸张宽度为284mm，高度为414mm，按<Enter>键，页面尺寸显示为设置的大小。

2）添加对开页。因报纸为跨页，所以需要设置对开页。单击"菜单栏"中的"布局"→"页面设置"选项，在"选项"对话框左侧选择"布局"，勾选"对开页"，并且选择起始于"左边"，如图3-2所示。

图3-2 "选项"对话框

3）单击"菜单栏"中的"布局"→"插入页面"，在"插入页面"对话框中输入"1"以插入1页，如图3-3所示。

步骤2 设置页面边距

建立页面边距参考线。报纸的上、下、左、右页边距均为21mm，依次绘制页边距参考线。

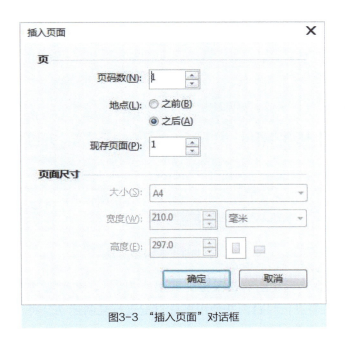

图3-3　"插入页面"对话框

步骤3　添加报纸页眉和页脚

1）单击"菜单栏"中的"对象"→"对象属性"，调出"对象管理器"泊坞窗，单击黑色倒三角下拉按钮，选择"新建主图层（所有页）"，建立"主页面"，如图3-4所示。

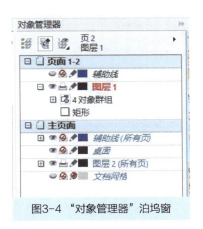

图3-4　"对象管理器"泊坞窗

2）选择"折线工具"，在主图层辅助线位置绘制一条长直线，并在"属性栏"设置轮廓宽度为0.2mm。

3）添加报纸页眉文字。字体选用"华文行楷、13号"，CMYK数值为78、53、94、17，效果如图3-5所示。

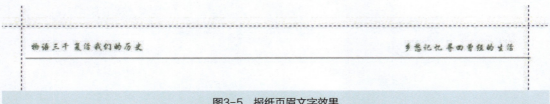

图3-5　报纸页眉文字效果

4）导入"视界"标识素材图，放置于报纸页眉中心位置，并调整合适大小，效果如图3-6所示。

图3-6　报纸页眉素材图效果

5）将报纸页眉全部选中后右击鼠标，如图3-7所示，在出现的"菜单"中单击"组合对象"，将报纸页眉进行组合。并使用鼠标右键进行复制拖动，将报纸页眉复制到报纸的右页，效果如图3-8所示。

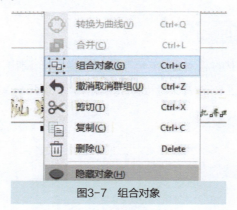

图3-7　组合对象

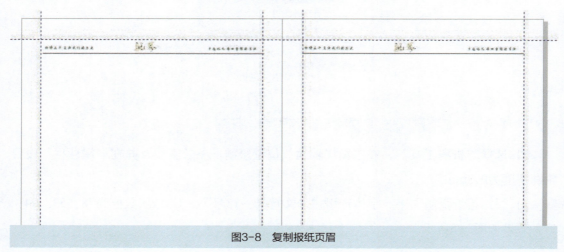

图3-8　复制报纸页眉

6）将报纸页眉的直线条复制到报纸页脚处，继续添加报纸页脚文字，字体选用"华文行楷、13号"，CMYK数值为78、53、94、17，效果图如图3-9所示。

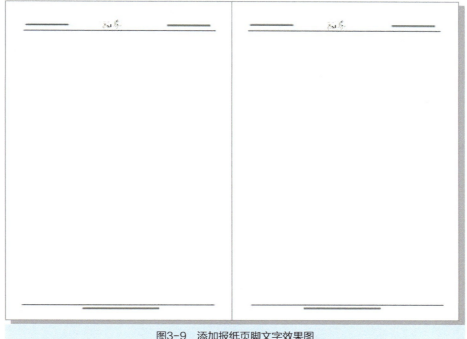

图3-9 添加报纸页脚文字效果图

步骤4 设置报纸报头

1）回到页面1的图层，选择"矩形工具"，在页面头版的右上角绘制长条矩形，长度不要超出辅助线。打开"颜色"泊坞窗，如图3-10所示，CMYK数值为80、30、100、20。

2）选择"折线工具"，按住<Shift>键绘制一条直线，打开"对象属性"泊坞窗，如图3-11所示，设置直线宽度为0.2mm，CMYK数值为7、10、35、0，效果如图3-12所示。

图3-10 "颜色"泊坞窗

图3-11 "对象属性"泊坞窗

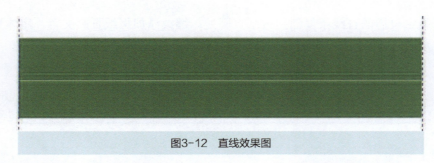

图3-12　直线效果图

3）选中直线后，单击"菜单栏"中的"窗口"→"泊坞窗"→"变换"→"位置"命令，调出"变换"泊坞窗，如图3-13所示，设置Y值为-2mm，副本为7，复制出多个同等距离的直线，效果图如图3-14所示。

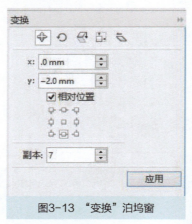

图3-13　"变换"泊坞窗

图3-14　复制直线效果图

4）导入"视界"标题和"校徽"两张素材图，适当调整大小，放置于报头相应位置，效果图如图3-15所示。

图3-15　报头效果图

5）选择"文本工具"，在报头输入报纸期数和宣传语文字，其中宣传语文字设置为"华文行楷、16pt"，期数文字设置为"华文细黑、10pt"，颜色均使用"颜色滴管工具"吸取细直线的颜色，效果图如图3-16所示。

图3-16　添加宣传语文字和报纸期数效果图

步骤5 添加编者按

1）选择"矩形工具"，在报纸头版右下角绘制矩形框（矩形框右侧贴近辅助线）。选择"形状工具"，调整矩形为圆角矩形，并使用"颜色滴管工具"吸取报头的绿色填充轮廓颜色，如图3-17所示。

2）单击"轮廓笔工具" 按钮，如图3-18所示，将宽度设置为0.5mm，并单击样式的下拉按钮，找到合适的虚线样式，将矩形轮廓设置为虚线矩形轮廓，效果如图3-19所示。

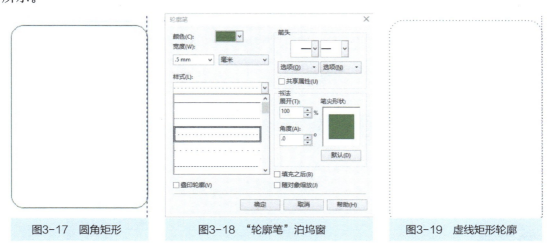

图3-17　圆角矩形　　　　图3-18　"轮廓笔"泊坞窗　　　　图3-19　虚线矩形轮廓

3）在圆角矩形内部输入编语，字体为"华文楷体，20pt"，颜色采用报头的绿色，效果如图3-20所示。

4）使用"矩形工具"，在虚线轮廓右上角绘制直角矩形，颜色采用报头的绿色，并使用"文本工具"输入文字"编者按"，字体为"微软雅黑、16pt"，颜色采用报头的黄色，效果如图3-21所示。

图3-20　输入编语效果图　　　　图3-21　输入"编者按"效果图

步骤6　添加版头，进行图片排版

1）导入"云头"素材图，放置于版面顶端位置（需注意放置于辅助线以内），效果图如图3-22所示。

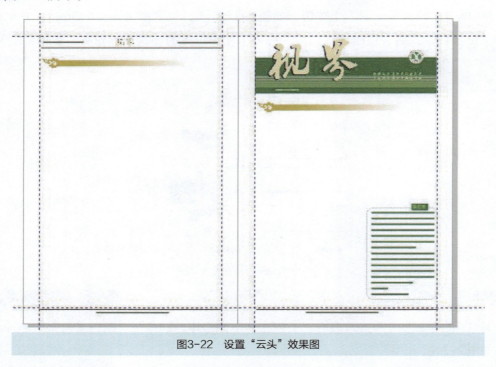

图3-22　设置"云头"效果图

2）依次导入相应的照片，将照片放置于合适的位置。单击"菜单栏"中的"窗口"→"泊坞窗"→"对齐与分布"命令，调出"对齐与分布"泊坞窗，如图3-23所示，在其中设置相应图片的对齐效果，效果图如图3−24所示。

 技巧

▶ 软件在对齐时默认与最后选中的对象对齐。

▶ 在排版图片时，需要时刻注意图片与图片、图片与辅助线之间的关系。

图3-23 "对齐与分布"泊坞窗

图3-24 添加照片效果图

3）在每张图片旁依次添加文字，字体设置为"华文行楷，16pt"，CMYK数值为40、55、100、0，效果图如图3−25所示。

图3-25　为照片添加文字效果图

步骤7 新建页面，进行反面排版

1）单击左下角"新建页面" 按钮，如图3-26所示，建立页3和页4，用于排版报纸反面，页3和页4自动应用主图层的报纸页眉和报纸页脚格式，效果图如图3-27所示。

图3-26　"新建页面"按钮

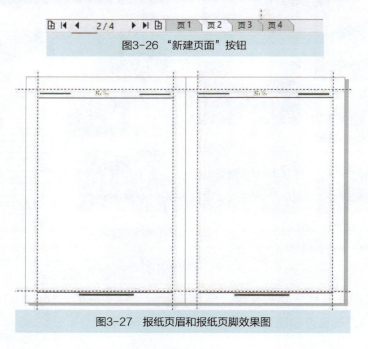

图3-27　报纸页眉和报纸页脚效果图

2）参考"步骤6"，依次导入"云头"素材图和相应的照片进行排版，并添加对应的文字，《视界》报纸反面效果图如图3-28所示。

图3-28 《视界》报纸反面效果图

任务提示

◆ 此任务完成后，应注意观察是否符合以下几点内容。
◆ 使用轮廓笔工具进行线条样式的更改；
◆ 善于运用主图层；
◆ 根据报纸的不同风格选择合适的字体；
◆ 注意报纸排版的规律性和整体性。

必备知识

1．调整对象顺序

CorelDRAW X7中的图形是由一系列互相堆叠的图形对象组成的，这些对象的排序不同，出现的效果不同。所有对象的默认排列顺序由用户创建对象的先后次序来决定，先创建的对象在下层，后创建的对象在上层。

当默认的对象前后顺序不符合用户个人的制作要求时，可以根据需要，使用"排序"命令调整这些对象的顺序。使用"排序"命令调整对象的方法如下：

1）使用"选择工具" ，单击选择需要调整顺序的对象。

2）右击对象，在弹出的菜单中单击"顺序"→"到页面前面"命令（或者选择其他子命令）。

3）或单击选中对象后，单击"菜单栏"中的"对象"→"顺序"→"向后一层"命令（或者选择其他子命令），如图3-29所示。

图3-29 "顺序"子菜单中的命令

下面分别介绍"顺序"菜单中的这些子命令，为了便于理解，使用图3-30所示的对象进行讲解。

图3-30 素材图像及对应的"对象管理器"泊坞窗

◆　　向后一层：可以将选择的物体从当前位置向后移动一个位置，图3-31所示为使用此命令将人物图片移至后方的状态。

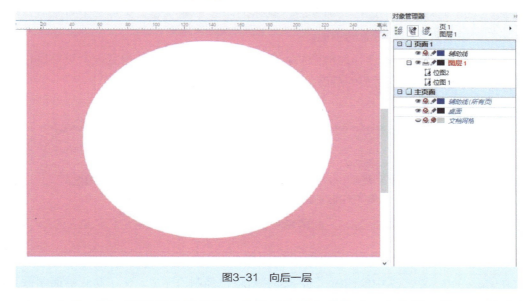

图3-31　向后一层

◆　　向前一层：可以将选择的物体从当前位置向前移动一个位置，图3-32所示为使用此命令将人物图片移至前方的状态。

图3-32　向前一层

◆　　到图层前面：可以将选择的对象从当前位置移动到本图层的最前面。

◆　　到图层后面：可以将选择的对象从当前位置移动到本图层的最后面。

◆　　到页面前面：在当前页面中存在多个图层的情况下，选择此命令可以将选中的对象从当前位置移动到本页面所有图层的最前面。

◆　到页面背面：在当前页面中存在多个图层的情况下，选择此命令可以将选中的对象从当前位置移动到本页面所有图层的最后面。

◆　置于此对象前：选择此命令后，鼠标指针变为➡状态，指定一个对象后，可以将选择的对象放置在指定对象的前面。

◆　置于此对象后：选择此命令后，鼠标指针变为➡状态，指定一个对象后，可以将选择的对象放置在指定对象的后面。

技巧

因CorelDRAW X7软件中所有的对象都处于同一个图层，并没有明确的图层概念，因此一般情况下，选择"到图层前面"和"到页面前面"的效果是一样的。

2．锁定与解锁对象

在 CorelDRAW X7 中绘图时，当一部分对象已经制作完成，为了防止后面制作其他对象时，对前面制作完成的对象的误操作，同时也为了增加操作的快捷性，可以对对象进行锁定，可以锁定单个对象或组合对象。当对象被锁定后，无法对其进行任何的修改。

（1）锁定对象　锁定对象的方法有如下几种：

◆　单击"菜单栏"中的"对象"→"锁定"→"锁定对象"命令。

◆　右击选中的对象，在弹出的菜单中选择"锁定对象" 🔒命令。

提示

当对象被锁定后，四周的控制柄变为"锁形"，如图3-33所示。

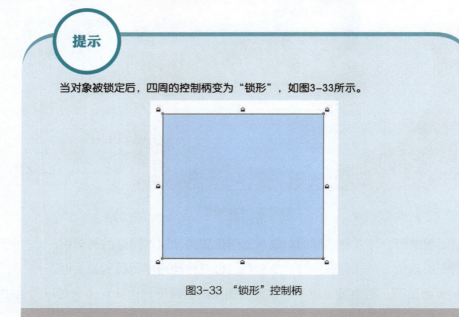

图3-33　"锁形"控制柄

（2）解锁对象　解除对象的方法有如下几种：

◆　单击"菜单栏"中的"对象"→"锁定"→"解锁对象"命令。

◆　在锁定对象的边缘上右击，在弹出的菜单中选择"解锁对象" 🔒 命令。

◆　单击"菜单栏"中的"对象"→"锁定"→"对所有对象解锁"命令，可以取消所有对象的锁定状态。

3．组合与取消组合

利用"组合"命令可以将对象编为一组，即形成一个组合的整体。"组合"命令的使用可以同时对多个对象进行整体的移动、复制或旋转等操作。

（1）组合对象　组合对象的方法有如下几种：

要组合对象，可以使用"选择工具" 🔳 选中要组合的对象，然后执行下列操作之一：

◆　选中要组合的对象，按<Ctrl+G>快捷键。

◆　选中要组合的对象，单击"属性栏"上的"组合" 🔳 按钮。

◆　选中要组合的对象，右击鼠标，在弹出的菜单中选择"组合对象"命令。

◆　选中要组合的对象，单击"菜单栏"中的"对象"→"组合"→"组合对象"命令。

（2）取消组合对象　要取消组合的对象，方法有如下几种：

◆　选中要取消组合的对象，按<Ctrl+U>快捷键。

◆　选中要取消组合的对象，单击"属性栏"上的"取消组合对象" 🔳 按钮。

◆　选中要取消组合的对象，右击鼠标，在弹出的菜单中选择"取消组合对象"命令。

◆　选中要取消组合的对象，单击"菜单栏"中的"对象"→"组合"→"取消组合对象"命令。

（3）取消组合所有对象　要取消组合的所有对象，方法有如下几种：

◆　选中要取消组合的对象，单击"属性栏"上的"取消组合所有对象" 🔳 按钮。

◆　选中要取消组合的对象，右击鼠标，在弹出的菜单中选择"取消全部组合"命令。

◆　选中要取消组合的对象，单击"菜单栏"中的"对象"→"组合"→"取消组合所有对象"命令。

4．"变换"泊坞窗

除了比较常用的使用"选择工具" 🔳 直接对对象进行一系列变换处理以外，我们还可以利用"变换"泊坞窗，对对象进行更加精确的变换设置。调出"变换"泊坞窗的方法为单击"菜单栏"中的"窗口"→"泊坞窗"→"变换"命令，如图3-34所示。

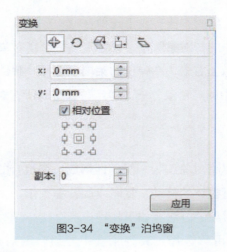

图3-34 "变换"泊坞窗

（1）"变换"泊坞窗功能

◆ 功能按钮：最上方一栏为功能按钮，从左至右分别为位置、旋转、缩放和镜像、大小、倾斜，选择不同的按钮，可以调出不同的参数进行设置。

◆ 参数区：在此可设置变换的详细数值。选择的功能按钮不同，参数值也各有不同。

◆ 变换中心：设置在变换时的控制中心点，以便于更精确地进行变换。

◆ 副本：即复制对象。一般默认数值为0，即只对对象进行变换，而不进行复制。当设置数值>0时，会出现多个对象的副本。

（2）"位置"对象　位置对象即移动对象当前所在的位置，X数值指水平移动对象，Y数值指垂直移动对象。

（3）"旋转"对象　旋转对象即对对象进行旋转，可设置旋转的精确角度和旋转的中心点，其泊坞窗如图3-35所示，下面其参数含义：

图3-35 "旋转"命令泊坞窗

◆ 旋转角度：在此数值框中输入一数值，可以准确确定对象的旋转角度。

◆ 中心：可设置中心点的水平与垂直位置。

◆ 副本：即复制对象，可复制1至多个，一般默认为0。

（4）"缩放和镜像"对象 缩放对象即对对象进行放大或缩小，镜像对象即对对象进行水平或垂直翻转，即对象在水平或者垂直方向上执行翻转。一般的缩放可直接使用"选择"工具，一般的镜像对象可通过"选择工具"的"属性栏"中的"水平镜像" 按钮或"垂直镜像"按钮来实现。图3-36为垂直镜像的图片。

图3-36 垂直镜像图片

如果要按比例缩放对象及镜像，则需要使用"变换"泊坞窗中的"缩放和镜像" 按钮，"缩放和镜像"命令泊坞窗如图3-37所示。

若勾选"按比例"，则X与Y数值为等比例缩放，一个数值的变化会带动另一个数值的变化。若不勾选"按比例"，则可以分别设置X与Y项的数值。

（5）"大小"对象 如果要执行更多缩放对象的操作，则需要使用"变换"泊坞窗中的"大小" 命令，其泊坞窗如图3-38所示。

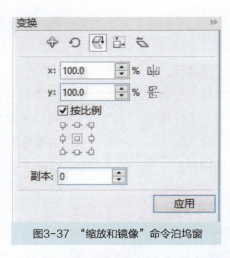

图3-37 "缩放和镜像"命令泊坞窗

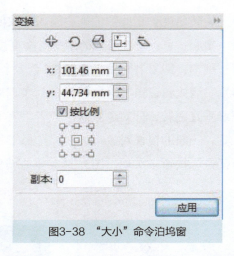

图3-38 "大小"命令泊坞窗

(6) "倾斜"对象 "倾斜"对象就是将对象在水平或垂直方向上进行倾斜,其泊坞窗如图3-39所示。其中X为水平倾斜,Y为垂直倾斜。图3-40和图3-41分别是将正方形水平倾斜15°和垂直倾斜15°的效果。最简单的方法就是通过鼠标直接对选择对象执行倾斜操作。

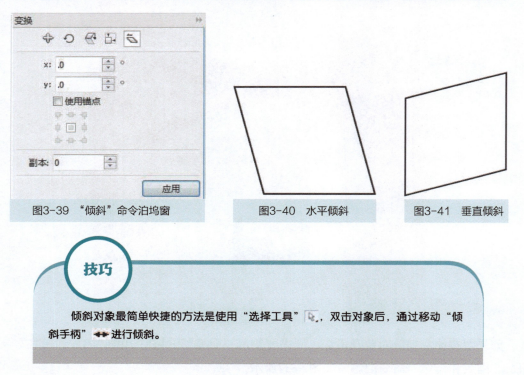

图3-39 "倾斜"命令泊坞窗   图3-40 水平倾斜   图3-41 垂直倾斜

技巧

倾斜对象最简单快捷的方法是使用"选择工具" ，双击对象后,通过移动"倾斜手柄" 进行倾斜。

5．对齐／分布对象

对齐原则是平面设计中排版的一个重要原则,因为大多数情况下,无法进行手动的精确对齐,所以需要使用"对齐与分布"泊坞窗对对象进行对齐,"对齐与分布"泊坞窗如图3-42所示。

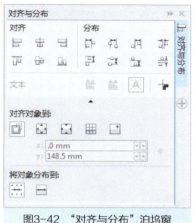

图3-42 "对齐与分布"泊坞窗

（1）"对齐与分布"泊坞窗   CorelDRAW X7提供了多种对齐的方式，调出"对齐与分布"泊坞窗的方法有以下两种：

1）单击"菜单栏"的"窗口"→"泊坞窗"→"对齐与分布"命令。

2）在选中多个对象的前提下，单击"选择工具" 按钮，通过单击"属性栏"中的"对齐与分布" 按钮调出泊坞窗。

（2）多个对象的对齐   对象的对齐分为两组，第一组为左对齐、水平居中对齐和右对齐，第二组为顶端对齐、垂直居中对齐和底端对齐。两组对齐方式可以单独选择一种，也可以同时选择两组，图3-43为将两个对象左对齐，图3-44为将两个对象左对齐和顶端对齐。

图3-43 左对齐

图3-44 左对齐＋顶端对齐

下面介绍"对齐与分布"泊坞窗中"对齐"命令的参数含义：

◆ 水平对齐：按水平方向对齐，垂直方向不变，包括左对齐、水平居中对齐和右对齐，只可以选择其中一种方式进行对齐。

◆ 垂直对齐：按垂直方向对齐，水平方向不变，包括顶端对齐、垂直居中对齐和底端对齐，只可以选择其中一种方式进行对齐。

◆ 对齐对象到：可以选择对齐的依据，包括5种对齐依据，分别是对齐到活动对象、页面边缘、页面中心、网格和指定点，只可以选择其中一种对齐依据。

（3）多个对象的分布　"分布"命令与"对齐"命令的使用方法相同，可以单独选择一种分布方式或者同时选择两种分布方式。"分布"较常应用在针对整个页面范围的分布，图3-45为将3个圆形针对"选定范围"的垂直分散，图3-46为针对"页面范围"的垂直分散。

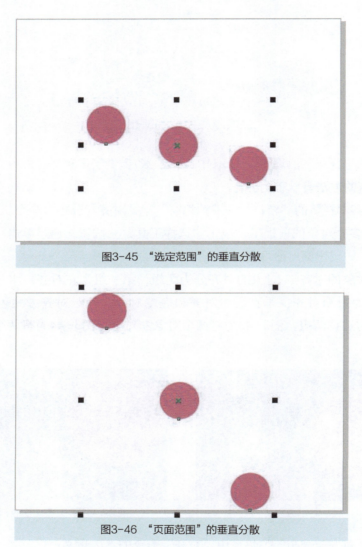

图3-45　"选定范围"的垂直分散

图3-46　"页面范围"的垂直分散

6. 主图层的应用

主图层是凌驾于所有图层之外的图层，主图层中所有绘制的对象或放置的图片都将默认显示在所有页面，但无法在页面中进行编辑。在制作大量的内页设计时，统一的部分经常应用主图层来进行绘制，例如期刊、书籍内页的页眉页脚等。

新建主图层的方法如下：

1）单击"菜单栏"中的"对象"→"对象管理器"命令，调出"对象管理器"泊坞窗，如图3-47所示。

2）单击"对象管理器"右上角的黑色三角符号，单击弹出菜单中的"新建主图层（所有页）"命令，即可建立主图层，如图3-48所示。

图3-47　"对象管理器"泊坞窗

图3-48　新建主图层

触类旁通

读者在阅读报纸时，一般是按照"Z"字形的顺序来进行阅读的，所以报纸头版的左上角一般为最重要的区域，其次为右上、左下、右下，因此头版头条新闻一般放置在左上角。

报纸排版设计的原则如下：

1）尽量图文并茂。因图片比较容易第一时间吸引读者的目光，而文字作为辅助的信息一样必不可少。

2）排版简单清楚。报纸不需要非常复杂的排版，能够让读者感觉信息清晰易读、自然舒服即可。

3）标题放置于头版居中或居左位置。这是基于读者的阅读顺序来决定的。

4）大段的文字内容要横排，不能竖排。这是基于读者的阅读习惯来决定的，竖排的文字会影响读者的阅读速度和阅读舒适度。

项目小结

本项目主要涉及的知识点是对对象进行各种细小的编辑处理。通过本项目的学习，应该能够掌握对象的旋转、移动、锁定与解锁、群组与取消、对齐与分布等操作，同时，也应该熟练掌握主图层的建立。

实战强化 《娱乐周报》排版制作

【任务分析】

娱乐报纸作为报纸比较常见的一种类型，有着独特的排版方式。娱乐报纸需要兼具报纸的规范性和娱乐性质的活泼性，因此在排版时可在统一规范的前提下，设计灵活的排版方式。

【设计理念】

1）为了区分主次新闻，需要灵活运用字号、字体、色彩、占幅比的不同来进行区分。

2）要在灵活排版的基础上，保持版面的整体性。

3）色彩使用上，可适当使用对比色来加强视觉效果，《娱乐周报》最终效果图如图3-49所示。

图3-49 《娱乐周报》排版制作最终效果图

项目 4　折页设计与制作

职业能力目标

1）掌握文本工具、文本对象泊坞窗、对象属性泊坞窗的应用方法。

2）掌握对齐、缩进段落文本的技巧。

3）掌握字间距、行间距的调整方式。

4）了解图文混排的排版技巧和平面排版的基本原则。

任务1　学校宣传折页制作

任务情境

某校的信息学院马上要进行招生宣传，急需一份宣传折页，怎么让这份折页既能放置更多的宣传内容，又能体现信息专业的特点呢？请同学们查看任务书，思考一下吧！

接单任务书			
任务	制作信息学院宣传折页	尺寸	390mm×210mm
折页内容	封面： 1）信息学院名称。 2）5个专业名称。 3）信息学院宣传语。	内页： 1）文字内容包括学院简介、实训室介绍、校企专业介绍。 2）图片内容包括实训室图片、优秀毕业生图片。	
设计要求	1）具备信息学院专业特点。 2）整体设计简洁大方。 3）控制印刷成本。		

任务分析

对此任务的设计要求如下：

1）主体颜色方面，因在设计情感中，蓝色给人的感觉为专业、科技、领先，所以宣传折页的主体颜色选用蓝色、辅助色彩选用对比色橙色。

2）为体现信息专业特点，折页封面选用互联网相关的辅助图片作为宣传主图。

3）为控制印刷成本，又保证质感，宣传折页印刷纸张可选择150g左右铜版纸。（最终效果图如图4-1所示。）

4）设计时应注意，因纸张印刷后需要进行裁切，为防止裁切掉重要信息，需注意页边距的保留。

图4-1　宣传折页最终效果图

任务实施

步骤1　折页页面尺寸设置

按<Ctrl+N>快捷键，新建一个A4页面，在"属性栏"中分别设置纸张宽度为

390mm，高度为210mm，如图4-2所示。按<Enter>键，页
面尺寸显示为设置的大小。

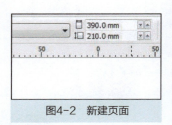

图4-2　新建页面

步骤2 添加辅助线

因折页为三折页，因此分别在宽度130mm和宽度260mm
的位置添加辅助线，将页面划分为3个区域，效果如图4-3所示。

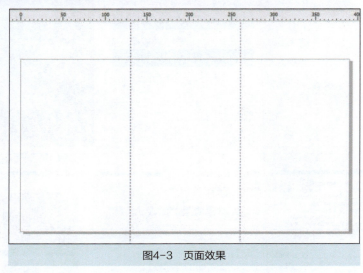

图4-3　页面效果

步骤3 制作折页封面部分

1）导入封面底图和学校标识。按<Ctrl+I>快捷键，弹出"导入"对话框，选择素材
中的"第5章-信息学院折页-封面底图"文件，单击"导入"按钮，在页面中导入图片，
放置在右侧位置。

同理，导入"第5章-信息学院折页-聊城职业技术学院标志"和"聊城职业技术学院
字体"文件，放置在左上位置，效果如图4-4所示。

2）文字输入。选择"文本工具"，依次输入学院名、学院专业、宣传语等文字，其
中"信息学院"为"白色、微软雅黑、48号、加粗"，"校企合作订单培养高薪就业"为
"白色、微软雅黑、24号、加粗、描边橘色"，"计算机应用技术专业"等文字为"白
色、微软雅黑、12号、加粗"，"就业环境好"等文字为"橘色、行楷、18号"，效果如
图4-5所示。

步骤4 制作中间页面部分

1）选择"表格工具"，制作8行4列表格，在表格属性栏中设置背景为浅灰色，外边

框为"无",内边框为"0.5mm,白色",如图4-6所示。

2)选择"表格工具",选中表格的第1行,设置为橘色;选中表格的第3、5、7行,设置为蓝色,效果如图4-7所示。同理,再次制作一个6行5列表格。

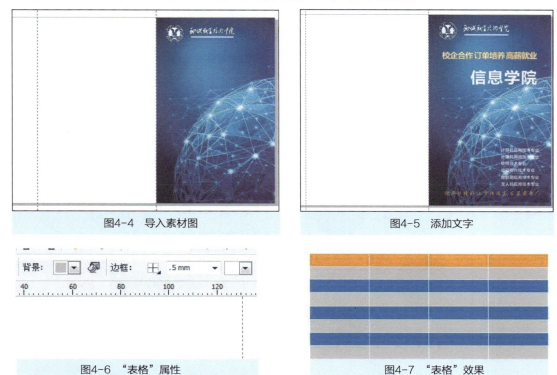

图4-4 导入素材图   图4-5 添加文字

图4-6 "表格"属性   图4-7 "表格"效果

3)选择"文本工具",在两组表格内依次输入相应文字,效果如图4-8所示。

4)选择"文本工具",依次输入表格标题及下方文字信息,其中表格标题为"行楷、蓝色、20号",下方文字为"楷体、黑色、12号"。在下方文字信息部分绘制灰色细线条,以将下方文字部分与表格部分进行区域区分,效果如图4-9所示。

图4-8 表格内输入文字   图4-9 输入文字

步骤5 制作左侧页面部分

1）绘制标题栏。选择"文本工具"，输入"优秀毕业生"，字体为"微软雅黑、黑色、18号"，并选择"矩形工具"，绘制蓝色矩形框。

2）依次导入毕业生图片及输入文字信息，并放置于合适位置，文字字体为"楷体、黑色、10号"，效果图如图4-10所示。

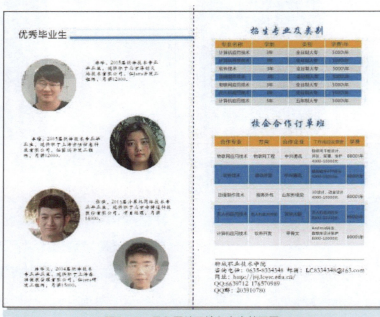

图4-10　导入图片及输入文字效果图

步骤6 新建多页面

单击软件页面左下角"⊞"键，新建"页2"，用于绘制折页反面内容，效果如图4-11所示。

图4-11　新建"页2"

步骤7 制作"页2"的左侧页面

1）绘制标题栏。选择"文本工具"，依次输入"基本概况"及"专业介绍"，字体为"方正大标宋简体、黑色、18号"，并选择"矩形工具"，绘制蓝色矩形框，效果如图4-12所示。

2）输入文字信息。选择"文本工具"，输入信息学院基本概况信息，字体为"微软雅黑、黑色、9号"。

3）调整文字段落格式。单击"菜单栏"中的"文本"→"文本属性"命令，调出"文本属性"泊坞窗，单击"段落"按钮打开"段落"面板，设置"行间距"为

"120%"，如图4-13所示。

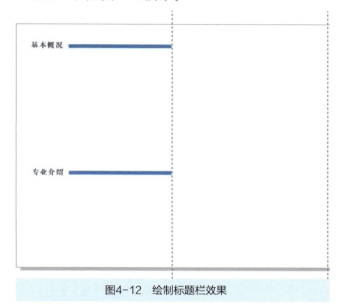

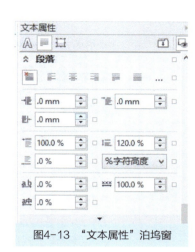

图4-12 绘制标题栏效果　　　　　　　　图4-13 "文本属性"泊坞窗

4）制作专业介绍表格。选择"表格工具"，制作6行4列表格，在表格属性栏中设置背景色为"无"，内外边框为"白色、0.5mm"，并依次输入文字内容，效果图如图4-14所示。

图4-14 文本和表格效果图

步骤8 制作"页2"的居中页面

1）绘制标题栏。选择"文本工具"，依次输入"校企合作企业"等文字，字体为"微软雅黑、黑色、14号"，并选择"矩形工具"，绘制蓝色矩形框，效果图如图4-15所示。

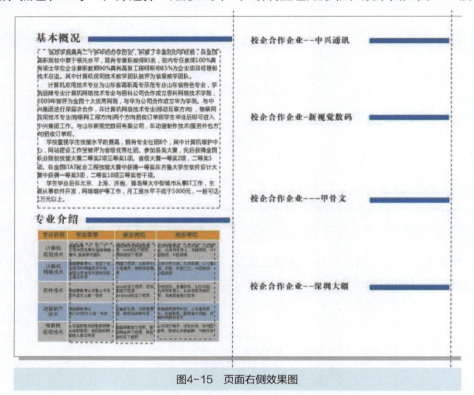

图4-15 页面右侧效果图

2）输入文字信息。选择"文本工具"，依次输入文字信息。其中，"招生专业""就业优势"字体采用"微软雅黑、蓝色加粗、11号"，"专业名称"字体采用"微软雅黑、红色加粗、9号"，"咨询电话"部分字体采用"微软雅黑、红色加粗、7号"。

单击"菜单栏"中的"文本"→"文本属性"命令，调出"文本属性"泊坞窗，单击"段落"按钮打开段落面板，设置"行间距"为"110%"，如图4-16所示。

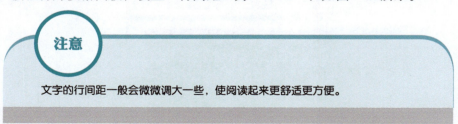

注意

文字的行间距一般会微微调大一些，使阅读起来更舒适更方便。

3）文本对齐。选中此页面所有文字部分，单击"菜单栏"中的"窗口"→"泊坞窗"→"对齐与分布"命令，调出"对齐与分布"泊坞窗。选择"左对齐"（如图4-17所示），使此页面文字排版规范整齐，效果图如图4-18所示。

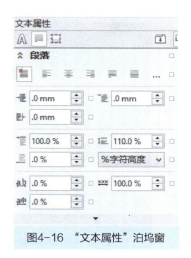

图4-16　"文本属性"泊坞窗

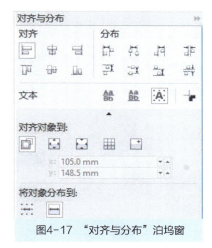

图4-17　"对齐与分布"泊坞窗

步骤9　制作"页2"的右侧页面

1）绘制标题栏。选择"文本工具"，在页面上方输入标题文字"实训条件"，字体为"微软雅黑、黑色、14号"，并选择"矩形工具"，绘制蓝色矩形框。

2）导入图片并进行排版。导入素材图片"实训室图片"，并进行排版，排版时应注意调整图片大小及对齐，最终得到如图4-19所示的排版效果图。

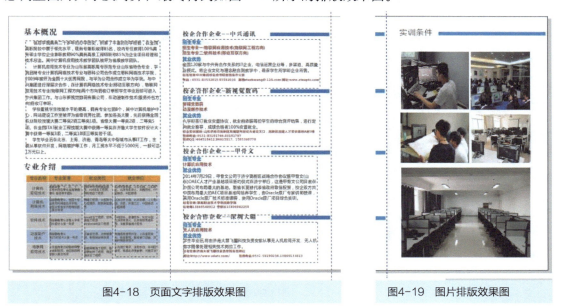

图4-18　页面文字排版效果图　　　　　图4-19　图片排版效果图

步骤10　导出最终效果图

双击"矩形工具"，建立页面导出框，并改为无色边框。然后单击"菜单栏"中的"文件"→"导出"命令，在弹出的导出对话框中选择保存类型为JPG，依次导出"页1"和"页2"，最终得到如图4-20所示的效果图。

图4-20　宣传折页效果图

任务提示

此任务完成后，应注意观察是否符合以下几点内容。

◆　使用"文本属性"泊坞窗或"对象属性"泊坞窗对段落文本进行间距和对齐方式的调整；

◆　在页面的上下左右处均预留出合适的页边距；

◆　当字体处于图片上方时，需给字体增加描边或加粗，以便于阅读。

1．文本属性

在平面设计作品中，文字的字体、字号即文本的属性设置是否合理美观，会在很大程度上决定你的作品是否美观，是否具有设计感。

CorelDRAW X7软件提供了两种常用的文本属性的设置方法。

◆ 属性栏："属性栏"一直是设置文本属性最方便最快捷的方法。在选中文本对象后，"属性栏"的状态如图4-21所示，其优点就是可以快速设置或修改文本对象的属性，缺点就是可设置的参数并不全面，不能满足一些高级的要求。

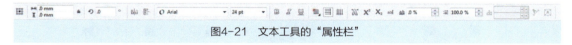

图4-21　文本工具的"属性栏"

◆ "对象属性"泊坞窗：在选中文本对象后，单击"菜单栏"中的"窗口"→"泊坞窗"→"对象属性"，即可调出"对象属性"泊坞窗，如图4-22所示，单击"字符"按钮，即可显示相应的参数。其优点就是包含的参数设置非常全面，缺点是使用起来不如"属性栏"方便快捷。

图4-22　"对象属性"泊坞窗

下面讲解"对象属性"泊坞窗中"字符"属性下的相关参数。

◆　字体列表：在下拉列表框中可以选择和设置不同的中文和英文字体。以图4-23所示素材图像为例，将文字由宋体修改为黑体后的效果如图4-24所示。

图4-23　素材图像

图4-24　设置不同字体后的效果

◆　字体大小：在此框中可输入一个数值或在其下拉列表框中选择一个数值，用以设置字体的大小，图4-25所示为不同大小的字体。

◆　字距调整范围：可扩大或缩小字体之间的字间距。

◆　下划线：可为文本添加下划线，有多个类型可选，图4-26所示是将文字设置为"单细下划线"样式后的效果。

图4-25　设置不同字号后的效果

图4-26　设置"单细下划线"样式后的效果

◆　填充类型：可选择要应用于文本的填充类型和色彩，一般默认为"黑色均匀填充"。

◆　背景填充类型：可选择要应用于文本背景的填充类型和色彩，一般默认为"无填充"。图4-27是为文本设置双色图样背景填充后的效果。

◆　轮廓宽度：可设置文本字符的轮廓宽度和色彩，一般默认为"无"。图4-28所示为文本设置1mm蓝色轮廓线的效果。

图4-27　设置双色图样背景填充后的效果

图4-28　设置轮廓线后的效果

2．输入段落文本

输入段落文本的方法如下：

1）选择"文本工具"**字**后，移动指针到绘图区的适当位置，单击并按住鼠标左键，拖动出一个用于放置文本的区域，如图4-29所示。

2）释放左键，此时即创建出一个段落文本框，可在其中光标闪烁处输入或粘贴段落文本，如图4-30所示。

如果输入的文本数量过多，超过文本框所能容纳的大小，超出的部分将不被显示出来，但文本框会变为红色框，用以提示用户缺失文本内容，此时需要手动扩大文本框的大小用以显示所有文本。

图4-29 拖动出文本框

平面设计方向对学生的能力要求：
1.能运用图形、插画、包装、文字、排版等知识，完成排版以及各种表现技法；
2.能运用平面设计的审美意识、基础理论和基本技能，完成作品；
3.能运用图形、插画、曲线、包装、文字排版的综合知识，完成与众不同的装饰美感；
4.能运用工具，完成对作品进行简单创造和创意设计。

图4-30 输入文字

3. 段落属性

段落属性是文本设置时的另一个重要属性，调出段落属性设置的方法是在选中文本对象后，在"对象属性"泊坞窗中，单击其顶部的"段落" 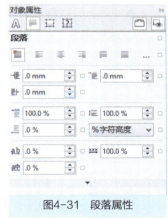 按钮，即可显示段落属性的相关设置参数，如图4-31所示。

4. 文本对齐

设置文本对齐方式的方法有如下3种。

◆ "属性栏"设置：选择文本后，单击"属性栏"中的"文本对齐"按钮，弹出其下拉列表，共有6种对齐方式可供选择。

图4-31 段落属性

◆ "对象属性"泊坞窗设置：选择文本后，单击"菜单栏"中的"窗口"→"泊坞窗"→"对象属性"命令，即可调出"对象属性"泊坞窗，单击"段落"按钮，切换到段落面板，在其中可选择文本对齐方式。

◆ "文本属性"泊坞窗设置：选择文本后，单击"菜单栏"中的"文本"→"文本属性"命令，即可调出"文本属性"泊坞窗，单击"段落"按钮，切换到段落面板，在其中可选择文本对齐方式。

下面列举6种对齐方式的释义。

◆ "无水平对齐"按钮：不使用任何文本对齐方式，一般默认为此设置。

◆ "左对齐"按钮：文本全部与文本框左边对齐的对齐方式。

◆ "居中对齐"按钮：文本全部在文本框中居中排列。

◆ "右对齐"按钮：文本全部与文本框右边对齐的对齐方式。图4-32所示为原图像，图4-33所示是分别设置"居中对齐"和"右对齐"的效果图。

在这样一个美好的时刻
送你一份温馨的祝福
让你的每一天都闪耀着光芒

奥运盛世
2008
农历戊子年

图4-32　原图像

在这样一个美好的时刻
送你一份温馨的祝福
让你的每一天都闪耀着光芒

奥运盛世
2008
农历戊子年

在这样一个美好的时刻
送你一份温馨的祝福
让你的每一天都闪耀着光芒

奥运盛世
2008
农历戊子年

图4-33　设置不同对齐方式时的效果图

◆　"全部调整" ▤ 按钮：除最后一行外，文本与文本框左右两侧对齐的对齐方式，如图4-34所示。

◆　"强制调整" ▤ 按钮：单击此按钮，文本对象将沿左边和右边创建相等的页边距，并将最后一行延伸到该行的末尾，如图4-35所示。

在 这 样 一 个 美 好 的 时 刻
送 你 一 份 温 馨 的 祝 福
让 你 的 每 一 天 都 闪 耀 着 光 芒

奥 运 盛 世
2 0 0 8
农历戊子年

图4-34　"全部调整"对齐方式

在 这 样 一 个 美 好 的 时 刻
送 你 一 份 温 馨 的 祝 福
让 你 的 每 一 天 都 闪 耀 着 光 芒

奥 运 盛 世
2 0 0 8
农 历 戊 子 年

图4-35　"强制调整"对齐方式

5．文本缩进

段落文本的文本缩进可在"对象属性"泊坞窗中的"段落"属性面板设置。下面介绍"段落"属性面板的几种缩进方式。

◆　"首行缩进" ▤ 按钮：设置段落文本的首行相对于文本框左侧的缩进距离。以图4-36所示的素材图像为例，图4-37所示是设置"首行缩进"后的效果图。

一只脚踩扁了紫罗兰，紫罗兰却把香味留在那脚上，这就是宽恕。|

图4-36　素材图像

　一只脚踩扁了紫罗兰，紫罗兰却把香味留在那脚上，这就是宽恕。

图4-37　"首行缩进"后的效果图

◆ "左缩进" 按钮：设置段落文本相对于文本框左侧的缩进距离。设置"左缩进"后的效果图如图4-38所示。

◆ "右缩进" 按钮：设置段落文本相对于文本框右侧的缩进距离。设置"右缩进"后的效果图如图4-39所示。

一只脚踩扁了紫罗
兰，紫罗兰却把香
味留在那脚上，这
就是宽恕。|

图4-38　设置"左缩进"后的效果图

一只脚踩扁了紫罗
兰，紫罗兰却把香
味留在那脚上，这
就是宽恕。

图4-39　设置"右缩进"后的效果图

触类旁通

1．折页的概念

折页是宣传册的一种，是将产品和活动信息传播出去的一种广告形式，可针对企业形象或产品进行详细的介绍。折页通过图文混排的形式，展示产品外观、性能等信息，以增加消费者对产品的了解，进而增加产品的销售量。

2．折页的分类

单页、对折页、两折页、三折页、多折页等。

3．折页的特点

1）内容详尽、图文并茂。

2）形式、尺寸多样。

3）制作精美、易于保存。

4．折页的设计步骤

1）用铅笔在白纸上绘制草图以大致确定分区。

2）在软件中根据分区放置图片及文字。

3）对图片进行相应处理（调色、裁切、拼贴等）。

4）对重点文字进行突出处理（字号、描边、加粗、边框等）。

5）修改与调整。

5．折页设计的注意事项

1）所用图片或图案与背景色的融合要自然流畅。

2）各级文字标题之间的主次关系要清楚明了。

任务2　红色教育活动宣传折页制作

某校想要举行一个大型的红色教育活动，需要通过折页进行校内外的一系列宣传。怎样设计这样一个特殊的红色教育宣传折页呢？请同学们抓紧思考一下，进行制作吧！

接单任务书				
任务	制作党史国史宣传折页		尺寸	412mm×260mm
折页内容	封面： 1）折页标题。 2）学校标识。 3）辅助图片。 4）辅助文字。		内页： 1）7个部分的文字内容。 2）文字内容相对应的图片。	
设计要求	1）具备党史国史材料的风格特点。 2）整体设计简洁大方。 3）控制印刷成本。			

任务分析

对此任务的设计要求如下：

1）主体颜色方面，因为设计的是红色教育宣传折页，所以选用代表党和光辉的颜色——红色作为折页的主体色彩。另外，由于红色非常醒目，辅助色尽量不再使用亮色，以免与主题色产生冲突。所以，辅助色选用中性灰色，能够与红色相辅相成。

2）整体设计风格简洁明了即可，不可设计得过于花哨。

3）为控制印刷成本，又保证质感，折页的印刷纸张可选择150g左右哑粉纸。最终效果图参见图4-40。

4）设计时应注意，因纸张印刷后需要进行裁切，为防止裁切掉重要信息，需注意页边距的保留。

图4-40 党史国史宣传折页最终效果图

任务实施

步骤1 折页页面尺寸设置

按<Ctrl+N>快捷键，新建一个A4页面，在"属性栏"中分别设置纸张宽度为

412mm，高度为260mm，如图4-41所示，按<Enter>键，页面尺寸显示为设置的大小。

因此折页为三折页，所以使用辅助线将页面划分为4等份，效果如图4-42所示。

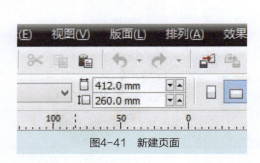

图4-41　新建页面

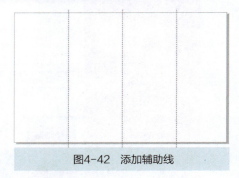

图4-42　添加辅助线

步骤2 制作封面与封底

1）按<Ctrl+I>快捷键，弹出"导入"对话框，导入"红绸"及"院标"素材图片。放置在合适位置，效果如图4-43所示。

2）选择"文本工具"，依次输入封面文字，其中"党史国史活动教育简介"使用"方正正大黑简体、黑色、24号"，其他文字采用"行楷字体、红色、14号"，效果如图4-44所示。

图4-43　导入素材图片

图4-44　输入文字

3）制作封底。选择"矩形工具"，为封底绘制矩形底色，单击"菜单栏"中的"窗口"→"泊坞窗"→"彩色"，调出"颜色泊坞窗"，填充矩形颜色，CMYK数值为0、100、100、10。

4）选择"文本工具"，在封底底部输入学校地址及联系方式，字体采用"微软雅黑字体、白色、6号"，并在"属性栏"中设置"文字对齐方式"为"居中"显示，如图4-45所示。

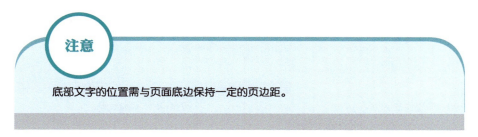

5）导入素材"学校字体"及"红绸2"，放置于合适位置。选择"透明度工具"，调整"红绸2"素材图片的透明度数值为"75"，效果图如图4-46所示。

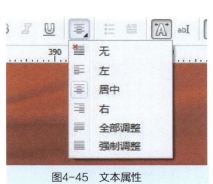

图4-45　文本属性

图4-46　导入图片并调整透明度效果图

步骤3　制作文字主标题

1）选择"矩形工具"，绘制矩形图形，并使用"形状工具"将矩形调整为圆角图形，填充颜色为浅灰色。再绘制一个长条矩形，填充为红色，放置于灰色矩形的下端位置，效果如图4-47所示。

图4-47　绘制矩形

2）选择"折线工具"，绘制重复的白色斜线，如图4-48所示，在"属性栏"设置线条粗细为0.3mm。并将白色斜线放置于灰色矩形上，效果如图4-49所示。

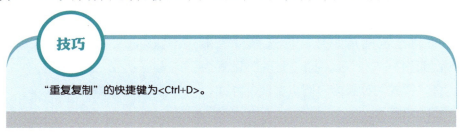

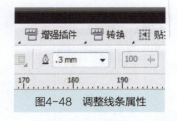

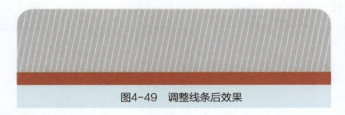

图4-48 调整线条属性   图4-49 调整线条后效果

3）选择"文本工具"，在灰色矩形位置输入"黄河大合唱艺术节"，字体为"华文细黑字体、黑色、18号"。并选择"椭圆形工具"，于字体前方绘制红色圆形图形，效果如图4-50所示。

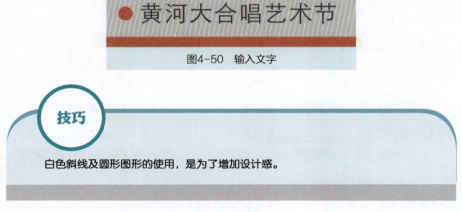

图4-50 输入文字

技巧

白色斜线及圆形图形的使用，是为了增加设计感。

4）同理，制作"职业核心能力培训"文字标题。

步骤4 制作主体文字部分

1）选择"文本工具"，绘制文字框，往文字框内导入素材文字内容，文字使用"华文细黑、黑色、10号"。单击"菜单栏"中的"窗口"→"泊坞窗"→"对象属性"命令，打开"对象属性"泊坞窗，单击其中的"段落"按钮，打开"段落"面板，将"行间距"设置为190%，如图4-51所示。

2）使用"矩形工具"和"选择工具"在文字外部绘制红色圆角矩形。并选择"轮廓笔"工具，如图4-52所示，将"宽度"设置为0.5mm，将"样式"设置为"圆点虚线"样式，效果图如图4-53所示。

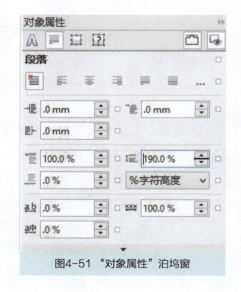

图4-51 "对象属性"泊坞窗

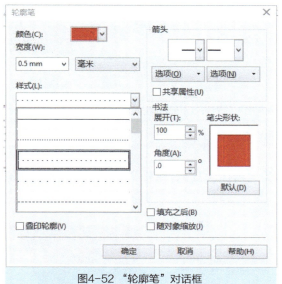

图4-52 "轮廓笔"对话框

"历史是歌的抒写，歌是历史的凝结"。通过音乐自身的诱发作用和感染力，以其喜闻乐见的方式促进德育，以其激发创造力的功能促进智育，以其优美和谐的品味改善美育，不断激发学生对中国共产党的热爱。

我院创造性地把党史教育和音乐相结合，按照党史脉络，编辑组合了《长征组歌》《黄河大合唱》《东方红》《复兴之路》四部作品，再现中国共产党的伟大历程。

图4-53 绘制轮廓效果图

3）同理，制作"职业核心能力培训"部分的文字信息，效果图如图4-54所示。

图4-54 输入文字效果图

步骤5 进行图片排版

1）依次导入相应的素材图片，将其排列于合适位置。

技巧

图片的排版需要遵循对齐原则，包括图片与图片的对齐以及图片与文字的对齐。

2）在图片周围空白位置输入文字，字体为"楷体、灰色、8号"，并绘制相应的圆形符号。导入图片编辑后效果图如图4-55所示。

图4-55 导入图片编辑后效果图

步骤6 折页反面制作

1）导入素材"红绸2"，将其等比例扩大至相应大小，放置于页面中下方。并选择"透明度"工具，如图4-56所示，设置为"常规"，单击"均匀透明度"按钮，调整"透明度"为85，效果图如图4-57所示。

图4-56 调整"透明度"属性

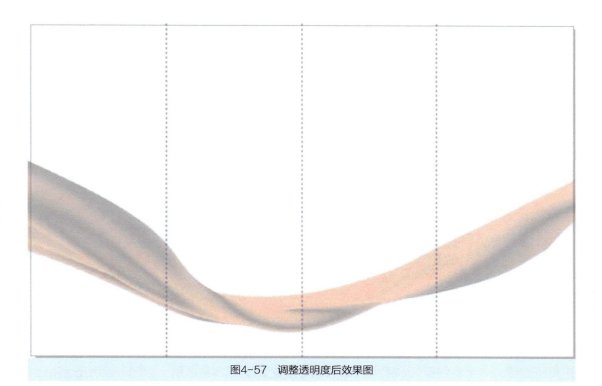

图4-57　调整透明度后效果图

2）依据上述步骤，对折页反面进行文字及图片的整体排版，党史国史宣传折页反面效果图如图4-58所示。

图4-58　党史国史宣传折页反面效果图

任务提示

此任务完成后，应注意观察是否符合以下几点内容。

◆ 使用轮廓笔工具进行线条的粗细、虚实等形式上的调整。

◆ 根据折页内容进行折页风格的设计。

◆ 在图文混排时要注意亲密性原则和对齐原则的应用。

必备知识

1．设置文本间距

（1）使用"对象属性"泊坞窗设置　文本间距包括字间距与行间距，均可在"对象属性"泊坞窗中的"段落"属性面板进行设置。其中"行间距" 按钮可以调整每行之间的距离精确值，"字符间距" 按钮可以设置字符之间的距离精确值。以图4-59所示的原图像为例，图4-60所示是设置行间距后的效果，图4-61所示是设置字符间距后的效果。

波尔多是法国的优质葡萄酒产区。波尔多地处法国西南部，被兰条主要河流环绕着，吉伦特（Girond）流经其西部，多尔多涅（Dordogne）流经东北方，还有东南方的加龙河（Gironde）。自中世纪起，人们便发现了这一完美的葡萄栽培区。受大西洋海洋气候影响，波尔多的气候常年维持在20摄氏度左右，冬天和春天都比较温和。在葡萄种植方面，整个波尔多比较常见的葡萄品种有赤霞珠、梅洛、品丽珠和小伟度，其中最后两种只起辅佐作用，酒体主要的成分依然为赤霞珠或梅洛。一直以来，波尔多地区的酒庄崇尚古老传统，一丝不苟的酿酒风格，他们旨在酿造出平衡优雅、复杂多变，适合陈年长存的葡萄酒。

图4-59　原图像

波尔多是法国的优质葡萄酒产区。波尔多地处法国西南部，被兰条主要河流环绕着，吉伦特（Girond）流经其西部，多尔多涅（Dordogne）流经东北方，还有东南方的加龙河（Gironde）。自中世纪起，人们便发现了这一完美的葡萄栽培区。受大西洋海洋气候影响，波尔多的气候常年维持在20摄氏度左右，冬天和春天都比较温和。在葡萄种植方面，整个波尔多比较常见的葡萄品种有赤霞珠、梅洛、品丽珠和小伟度，其中最后两种只起辅佐作用，酒体主要的成分依然为赤霞珠或梅洛。一直以来，波尔多地区的酒庄崇尚古老传统，一丝不苟的酿酒风格，他们旨在酿造出平衡优雅、复杂多变，适合陈年长存的葡萄酒。

图4-60　设置行间距

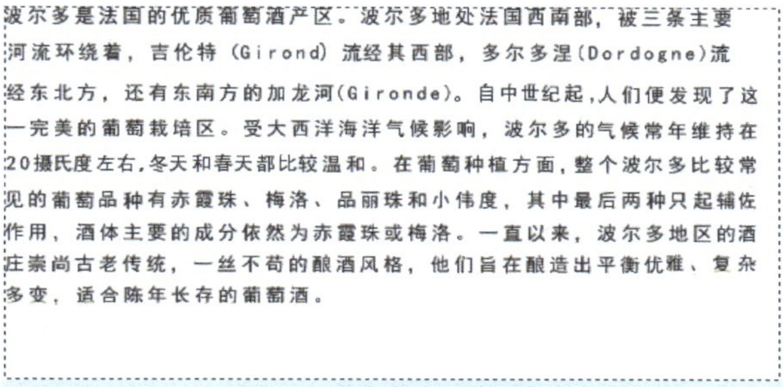

波尔多是法国的优质葡萄酒产区。波尔多地处法国西南部，被三条主要河流环绕着，吉伦特（Girond）流经其西部，多尔多涅（Dordogne）流经东北方，还有东南方的加龙河（Gironde）。自中世纪起，人们便发现了这一完美的葡萄栽培区。受大西洋海洋气候影响，波尔多的气候常年维持在20摄氏度左右，冬天和春天都比较温和。在葡萄种植方面，整个波尔多比较常见的葡萄品种有赤霞珠、梅洛、品丽珠和小伟度，其中最后两种只起辅佐作用，酒体主要的成分依然为赤霞珠或梅洛。一直以来，波尔多地区的酒庄崇尚古老传统，一丝不苟的酿酒风格，他们旨在酿造出平衡优雅、复杂多变，适合陈年长存的葡萄酒。

图4-61　设置字符间距

（2）使用"形状工具"设置文本间距　使用"形状工具"也可进行段落文本字间距和行间距的设置，它的优点是使用方便快捷，缺点是不可进行精确数值的距离设置。使用方法如下：

1）选择"形状工具"选中段落文本，此时文本框外出现两个箭头光标，如图4-62所示。

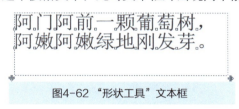

图4-62　"形状工具"文本框

2）右下角光标为"调整字间距" ⅷ 光标，使用鼠标向右拖动此光标，将扩大字间距，向左拖动此光标，将缩小字间距。图4-63所示为扩大字间距的效果，图4-64为缩小字间距的效果。

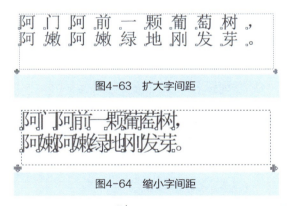

图4-63　扩大字间距

图4-64　缩小字间距

3）左下角光标为"调整行间距" ≣ 光标，使用鼠标向下拖动此光标，将扩大行间距，向上拖动此光标，将缩小行间距。图4-65所示为扩大行间距的效果。

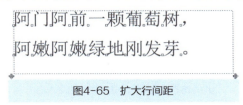

图4-65　扩大行间距

2．插入占位符文字

占位符文字的作用在于，在文字内容没有完全确认之前，可以使用默认的文字为文本框添加内容，这样可以提前进行图文排版，观看整体图文混排的效果。

插入占位符文本的方法如下：

1）选择“文本”工具，在绘图区适当位置绘制一个文本框。

2）右击文本框，在弹出的菜单中选择“插入占位符文本”命令，如图4–66所示。

与基线网格对齐(G)
插入占位符文本(P)
文本属性(P) Ctrl+T
对象样式(S)
颜色样式(R)
剪切(T) Ctrl+X
复制(C) Ctrl+C
粘贴(P) Ctrl+V
因特网链接(N)
跳转到浏览器中的超链接(J)
Aa 对齐基线(A) Alt+F12
矫正文本(S)
更改大小写(H)
拼写检查(S)... Ctrl+F12
语法(G)...
同义词(T)...
abc 快速更正(Q)...
ab 编辑文本(X)... Ctrl+Shift+T

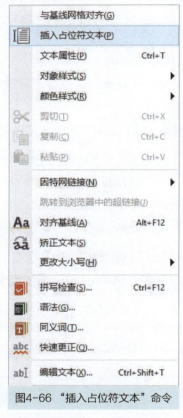

图4-66 “插入占位符文本”命令

3）此时，占位符文字已添加完成，图4–67所示为插入占位符文本后的文本框效果。

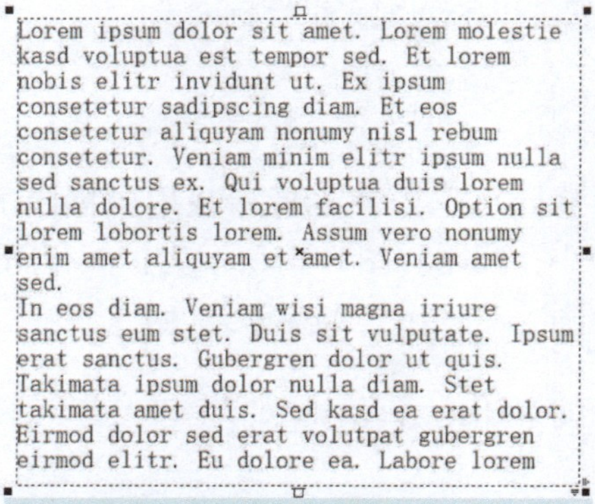

Lorem ipsum dolor sit amet. Lorem molestie kasd voluptua est tempor sed. Et lorem nobis elitr invidunt ut. Ex ipsum consetetur sadipscing diam. Et eos consetetur aliquyam nonumy nisl rebum consetetur. Veniam minim elitr ipsum nulla sed sanctus ex. Qui voluptua duis lorem nulla dolore. Et lorem facilisi. Option sit lorem lobortis lorem. Assum vero nonumy enim amet aliquyam et amet. Veniam amet sed.
In eos diam. Veniam wisi magna iriure sanctus eum stet. Duis sit vulputate. Ipsum erat sanctus. Gubergren dolor ut quis. Takimata ipsum dolor nulla diam. Stet takimata amet duis. Sed kasd ea erat dolor. Eirmod dolor sed erat volutpat gubergren eirmod elitr. Eu dolore ea. Labore lorem

图4-67 已插入占位符文本的文本框

3．插入页码

当页面过多时，手动在每页插入页码变得非常烦琐，此时可使用"插入页码"命令进行页码的自动添加。单击"菜单栏"中的"布局"→"插入页码"→"位于所有页"命令，即可自动添加所有页面的页码，如图4-68所示。

图4-68 "插入页码"命令

各个子命令的含义如下。

◆ 位于活动图层：执行此命令后将在当前的活动图层中插入页码。

◆ 位于所有页：执行此命令后将在"主图层"中添加页码（"主图层"中的所有对象自动应用于所有页面）。

◆ 位于所有奇数页：执行此命令后将在所有的奇数页面中添加页码。

◆ 位于所有偶数页：执行此命令将在所有的偶数页面中添加页码。

触类旁通

平面排版的基本原则主要有相近原则、对齐原则、重复原则和对比原则。

1）相近原则。相近原则也叫亲密性原则，相近原则是指将相关的部分放置在一起，不相关的部分要拉开空间距离放置。这样一来，有关系的部分被看作一个组，而不是零散的个体，这样也给读者明确的提示，使读者快速掌握页面的内容分布。相近原则的根本目的是实现组织性，如果信息划分的组织清晰，将更容易被阅读，如果元素无关，就要将其分开。

在进行折页设计时，对于每一个对页上所摆放的图片，尽量选择色彩相近的图片，这样使页面看起来整齐统一，若图片色彩各异，则会使页面显得杂乱无章，人们在视觉上也会感觉烦乱。

2）对齐原则。对齐原则是指页面上的任何元素都不能被随意安放，每个元素都应当与页面上的另一个元素有着某种视觉联系，达到"虽然眼睛看不到，但好像有很多条线将它们串联起来"的效果。这样，才能建立一种清晰、清爽的外观。

对于新手而言，一个页面上有一种对齐方式已经足够。另外，在设计页面时，使用辅助线是帮助对齐的一个好方法，可以让页面统一而有条理。在设计之初，建议所有的文字都严格地按照左对齐、右对齐或者居中对齐的方式排列，这样使整个页面更加整齐，减少视觉负担，增加易读性，优化用户体验。

3）重复原则。重复原则是指让设计中的视觉要素在整个作品中重复出现。可以重复颜色、形状、材质、空间关系、线宽、字体、大小和图片等。这样一来，既能增加条理性，还可以加强统一性。重复原则体现在字体排版上时，需要对相似的内容赋予相同的属性，例如，同一级别的标题文字，大小、字体和颜色均相同。

重复原则最重要的作用就在于统一，增强作品的视觉效果。同时，为了避免同一种元素重复过多，不妨对其进行适当的变化，在引起兴趣的同时又不会让人生厌。

4）对比原则。对比原则指的是设计中的两个元素如果想要区分不同，就一定要拉开差距，例如，字体大小的对比、冷色和暖色的对比等。对比不仅可以增强页面效果，更有助于文字的组织，可以通过改变大小、颜色、粗细、空间等方式来实现。

项目小结

本项目主要讲解了与文本或段落文本相关的基本设置功能，例如，文本的填充、对齐，段落文本字间距、行间距的调整等。这些功能都是设计过程中不可或缺的文本功能，因此，对于本项目的相关知识，应该特别注意熟练掌握。

实战强化 晓笑家居折页设计

【任务分析】

此任务是为"晓笑家居"设计一个宣传折页。此家居品牌是一个针对20～30岁年轻夫妻或单身女性的家居生活品牌，具有沙发垫、地毯、家居小物等产品。此折页主要是为品牌做基础和形象宣传和理念推广。

【设计理念】

1）因品牌的消费群体定位，折页设计的整体风格要符合清新、具有少女感的特点。

2）在色彩的选择上应尽量简洁大方，以保证作品的自然之感。

3）图片较多，注意图片的排版要整齐、不混乱。

晓笑家居折页设计最终效果图如图4-69所示。

图4-69　晓笑家居折页设计效果图

项目 5　海报设计与制作

职业能力目标

1）掌握位图的设置和处理方法。

2）掌握将位图置于图文框的方法。

3）掌握透明度工具的应用方法。

4）了解海报设计的构成元素和创意表现技巧。

任务1 聊城职业技术学院"读书节"海报制作

任务情境

一年一度的"世界读书日"马上就要来临，学校想要举办一场读书节活动，正面向全校学生征集活动海报。怎样将这张海报设计得既引人注目又别出心裁呢？请同学们思考一下，并查看任务书开始制作吧！

接单任务书			
任务	为学院读书节活动制作宣传海报	尺寸	297mm×420mm（A3）
海报内容	图片信息： 1）要与校园或学生相关。 2）要与书籍相关。	文字信息： 1）第二届校园读书节。 2）人人爱读书，人人有好书。 3）时间：2017.4.20～2017.5.20。 4）举办地点：图书馆一楼大厅。 5）举办单位：聊城职业技术学院图书馆。 6）协办单位：聊城职业技术学院学工处。	
设计要求	1）信息传达正确，要明确体现"读书节"活动。 2）整体设计风格轻快简洁，符合校园特征。		

任务分析

对此任务的设计要求如下：

1）海报的表现形式采用创意图形的表现形式，绘制3本翻开的书籍图形，每本书是一个"人"字，组合在一起，形成一个"众"字，呼应活动的宣传语"人人"二字。

2）在色彩的选择上，为了让海报更具有突出的展示力，主题色调选择了鲜艳的橘黄色，辅助色调选择橘黄色的对比色蓝色。

3）文字排版采用独特的纵向排版，结合图书形状的底纹，形成了这张海报的"形式感"。

学校"读书节"海报的最终效果图如图5-1所示。

图5-1　学校"读书节"海报效果图

任务实施

步骤1　**页面尺寸设置**

按<Ctrl+N>快捷键，新建一个页面，在"属性栏"中选择纸张大小为A3，如图5-2所示。

步骤2　**页面底色设置**

1）选择"矩形工具"，双击页面空白处，自动生成符合页面大小的黑色边框。

2）单击"菜单栏"中的"窗口"→"泊坞窗"→"彩色"命令，调出"颜色泊坞窗"，如图5-3所示。设置"颜色模式"为"CMYK"四色模式，CMYK数值为0、20、100、0，单击"填充"按钮为页面填充底色，并将默认的页面黑色框线设置为无色，效果如图5-4所示。

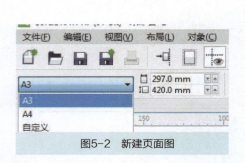

图5-2 新建页面图

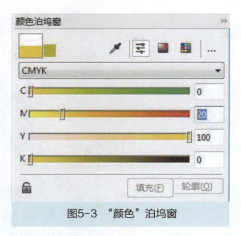

图5-3 "颜色"泊坞窗

3）右击页面，在弹出的"菜单栏"中选择"锁定对象"，如图5-5所示，将橘黄色底图锁定，以免因其移动影响后续海报制作。

图5-4 页面填充底色　　　　　　　　　　图5-5 锁定对象

步骤3 绘制海报主体图形

1）在左侧工具箱选择"贝塞尔"工具，在页面相应位置绘制出书本的矢量图形，并分别设置CMYK数值为100、40、100、0，0、0、0、40和0、0、0、0，轮廓均为无色，效果如图5-6所示。

2）选中书本图形，右击鼠标，如图5-7所示，在弹出的"菜单栏"中选择"组合对象"命令，将其编组。使用鼠标右键拖动以复制出一个同样的图形，效果如图5-8所示。如图5-9所示，单击"属性栏"中的"水平镜像"按钮，将复制的书本图形进行水平翻转，效果图如图5-10所示。

图5-6　绘制"书"

图5-7　组合对象

图5-8　复制图形

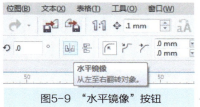

图5-9　"水平镜像"按钮

图5-10　"水平镜像"效果图

3）同理继续复制书本图形，组成"众"字形状，效果图如图5-11所示。

步骤4　置入素材图片

1）将3张素材图片拖入页面，选中图片"素材1"，单击"菜单栏"中的"图像"→"图框精确剪裁"→"放置在容器中"命令，如图5-12所示，此时鼠标指针变为黑色加粗箭头，将箭头瞄准书本图形的单边页面处，单击后，"素材1"图片即置入此图形。

2）同理，将图片"素材2"和"素材3"置入另外2个图形，效果图如图5-13所示。

图5-11　"众"字效果图

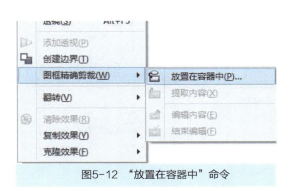

图5-12　"放置在容器中"命令

图5-13　"放置在容器中"效果图

步骤5 输入文字信息

1）选择"文本工具"，在"文本工具"属性栏中单击"将文本更改为垂直方向"按钮，如图5-14所示。

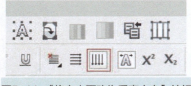
图5-14 "将文本更改为垂直方向"按钮

2）在页面右上方输入活动宣传语文字"人人爱读书，人人有好书"，字体为"华文楷体、48pt、M100"，效果图如图5-15所示。在页面左上方输入活动宣传文字"第二届校园读书节"，字体为"方正风雅宋简体、30pt"CMYK数值为"100、50、0、50"，效果图如图5-16所示。

图5-15 "竖排文字"文字效果图

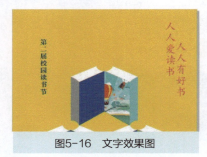
图5-16 文字效果图

3）单击"文本工具"按钮，在页面空白处输入活动时间文字"2017.4.20—5.20"，字体为"Arial Narrow，72pt，白色"，效果图如图5-17所示。使用"选择工具"双击时间文字，显示文字变形手柄，如图5-18所示，单击鼠标拖动居中箭头，将文字改为倾斜显示，效果图如图5-19所示。

4）选中时间文字，如图5-20所示，单击"菜单栏"中的"对象"→"变换"→"旋转"命令，调出"变换"泊坞窗，输入"旋转角度"为-90，将文字旋转，效果图如图5-21所示。将时间文字放置于合适位置。选择"透明度"工具，设置"均匀透明度"数值为40，如图5-22所示，文字更改透明度后的效果图如图5-23所示。

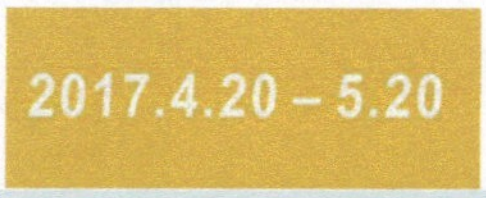

图5-17 "横排文字"文字效果图

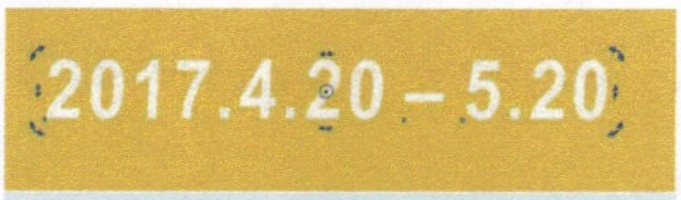

图5-18 显示文字变形手柄

图5-19 倾斜文字效果图

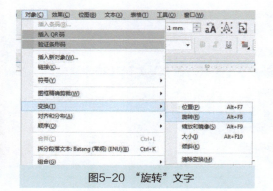
图5-20 "旋转"文字

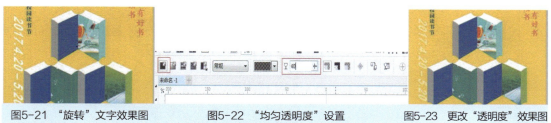

图5-21 "旋转"文字效果图   图5-22 "均匀透明度"设置   图5-23 更改"透明度"效果图

5）同理，在相应位置输入其他拼音文字信息，效果图如图5-24所示。

6）在页面下方空白处输入辅助文字信息，字体为"微软雅黑、12pt、黑色"，效果图如图5-25所示。

图5-24 输入拼音文字效果图

图5-25 输入辅助文字效果图

步骤6 绘制底图花纹

1）从"图书"图形中提取出四边形图形，设置为白色边框，如图5-26所示，在"属性栏"设置边框粗细为0.5mm，并使用"透明度工具"设置"透明度"为"均匀透明度"，透明数值为50，效果图如图5-27所示。

2）将此白色边框图形复制多个，放置于页面中的合适位置，学校"读书节"海报最终效果图如图5-28所示。

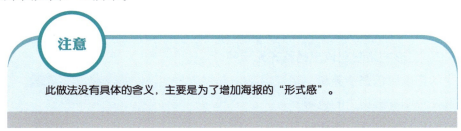

注意

此做法没有具体的含义，主要是为了增加海报的"形式感"。

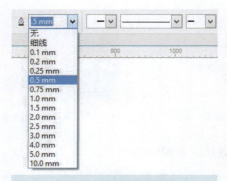

图5-26 设置轮廓宽度

图5-27 设置边框透明度效果图

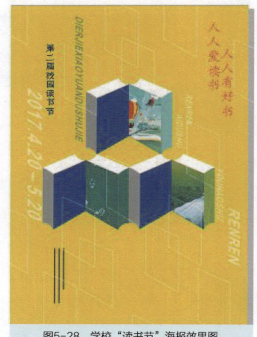

图5-28 学校"读书节"海报效果图

任务提示

此任务完成后，应注意观察是否符合以下几点内容。

◆ "图书"图形的绘制应该流畅整齐无卡顿。

◆ 文字的排版应该整洁美观。

◆ 应选择鲜明有感染力的色彩。

◆ 底纹的添加要自然，不能喧宾夺主。

必备知识

1．导入位图的方法

导入位图的方法有如下几种：

◆ 按<Ctrl+I>快捷键。

◆ 单击"菜单栏"中的"文件"→"导入"命令。

◆ 使用鼠标将位图直接拖入至软件绘图区。

导入位图的具体操作步骤如下：

1）单击"菜单栏"中的"文件"→"导入"命令，弹出如图5-29所示的"导入"对话框。

图5-29 "导入"对话框

2）在"文件类型"下拉菜单中选择要导入的位图格式，一般默认为"所有文件格式"。

3）选择位图所在的位置和要导入的一幅或多幅位图，并单击"导入"按钮。

4）返回到CorelDRAW X7工作窗口，在绘图区中任意位置单击鼠标左键，即可导入位图。

技巧

▶ 若单击"导入"按钮后面的三角按钮，在弹出的菜单中可以选择其他的导入方式。

▶ 如果需要导入位图，可以在"导入"对话框中按住<Ctrl>键的同时，依次单击选择要导入的多个位图。

▶ 按照以上方法，也可以导入矢量图形文件。

2．位图颜色遮罩

"位图颜色遮罩"命令能够显示和隐藏位图中的某种颜色或者是与这种颜色相近的颜色。对位图进行"颜色遮罩"命令的步骤如下：

1）按快捷键<Ctrl+I>，执行"导入"操作，导入一张位图。

2）选中这张位图后，单击"菜单栏"中的"位图"→"位图遮罩"命令，弹出"位图颜色遮罩"泊坞窗，如图5-30所示。

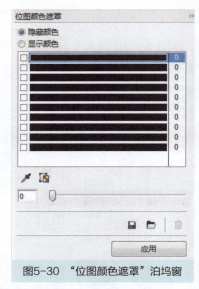

图5-30 "位图颜色遮罩"泊坞窗

3）选择"隐藏颜色"或"显示颜色"选项。

4）单击"颜色选择" ✎ 按钮并拖动滑块设置颜色容差值。容差值越小，吸取的颜色范围越小；容差值越大，吸取的颜色范围越大。

5）将吸管指针移动到位图中，吸取想要隐藏或显示的颜色。

6）单击"应用"按钮，即可完成颜色遮罩。图5-31所示为将位图的深色背景色进行遮罩的效果图。

图5-31 颜色的对比效果图

技巧

单击"编辑颜色" 按钮，可以重新设置"颜色遮罩"泊坞窗中长型颜色框的颜色，此颜色框一般默认为黑色。

3．矢量图转换为位图

CorelDRAW X7提供了将矢量图转换为位图的方法，具体操作步骤如下：

1）选中需要转换的矢量图形。

2）单击"菜单栏"中的"位图"→"转换为位图"命令，弹出如图5-32所示的对话框。

3）设置好分辨率、颜色模式等选项后，单击"确定"按钮即可完成转换。

图5-32 "转换为位图"对话框

4．调整位图颜色

CorelDRAW X7提供了对导入的位图进行颜色调整的方法，具体操作步骤如下：

1）选中需要调整颜色的位图。

2）单击"菜单栏"中的"效果"→"调整"命令，如图5-33所示，选择其子命令，可以对位图进行亮度、对比度、色度、饱和度等相关的颜色调整。

3）单击"菜单栏"中的"效果"→"变换"命令，如图5-34所示，选择其子命令，可以对位图进行去交错、反转颜色等相关的颜色变换。

5．将位图置于图文框中

在设计过程中，经常遇到将位图调整为与图文框一致大小的情况，为了防止因直接裁切位图而带来后期的不便，也为了提高效率，CorelDRAW X7提供了对导入的位图直接放置于图文框中的方法，具体操作步骤如下：

1）使用相应工具绘制图文框。图5-35所示为绘制的一个椭圆形图文框。

2）导入一张位图，并放置于与图文框重叠的位置，如图5-36所示。

3）选中位图后，单击"菜单栏"中的"图像"→"图框精确剪裁"→"置于图文框内部"命令，此时鼠标指针变为黑色超粗箭头。

4）用此箭头指针单击椭圆形图文框的轮廓，即可完成位图的置入，效果如图5-37所示。

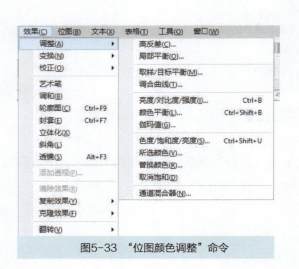

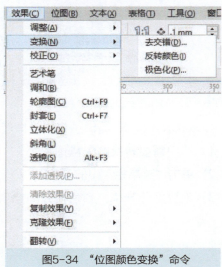

图5-33 "位图颜色调整"命令　　　　　图5-34 "位图颜色变换"命令

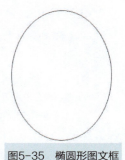

图5-35 椭圆形图文框　　　图5-36 位图重叠图文框　　　图5-37 完成位图置入

技巧

置入完成后，若需要对图片的显示范围或位置进行更改，可通过图文框下方的工具栏进行修改。

触类旁通

海报的类型

海报一般分为政治类、公益类、商业类和文化类等类型，分别如图5-38～图5-41所示。

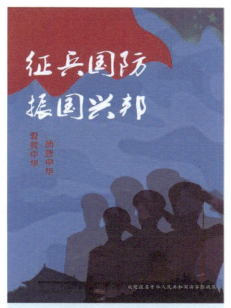

图5-38　政治类海报

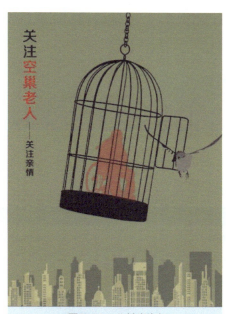

图5-39　公益类海报

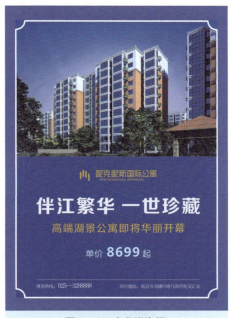

图5-40　商业类海报

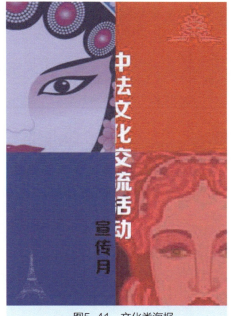

图5-41　文化类海报

海报的三种构成要素如下：

1）文字信息，包含海报主题、辅助信息、广告语等。

2）图形信息，包含图片、插图、绘画、摄影图片等。

3）底纹信息，包含图片、色彩等。

任务2 甜甜圈商店活动促销海报制作

任务情境

一年一度的圣诞节马上就要来临，甜甜圈商店想要借此机会推出节日特价活动，以提高店面业绩，但是活动的宣传海报还没有进行制作。请同学们抓紧查看任务书，帮助他们一下吧！

接单任务书			
任务	甜甜圈商店活动促销海报	尺寸	200mm×280mm（竖版）
海报内容	正面文字： 1）感恩圣诞甜蜜分享。 2）精选下午茶2人组特价18元起。 3）活动时间：2017.11.23～2017.11.26。 4）地址：聊城市东昌府区东昌路78号（近金鼎商厦）。 5）电话：0634-3266678。 6）店铺标识。	反面文字： 特价甜甜圈 巧克力芬迪3元/个 抹茶芬迪3元/个 芒果芬迪4元/个 巧克力多糖3元/个 酸奶巧克力4.5元/个 甜美之恋4元/个 甜蜜微笑5元/个 银河之路4.5元/个	
设计要求	1）要有圣诞元素。 2）突出图片的表现力。 3）整体要有甜蜜浪漫之感。		

任务分析

对此任务的设计要求如下：

1）海报的颜色采用与节日相关的"圣诞红色"作为海报的主色调，采用"圣诞绿色"作为海报的辅助色。

技巧

红色与绿色的搭配是平面设计中一般不建议使用的对比色搭配，但此海报中的红色和绿色均降低了颜色的纯度，采用了暗色系的红绿色搭配。另外，在颜色的使用面积上具有强烈的对比，红色使用较大面积，绿色仅仅使用了小面积的区域。

2）在海报的创意表现形式上，采用了与主题相关的"甜甜圈"绘画图形作为海报的表现形式，以类似"圣诞树"形状的白色轮廓图作为辅助。

3）因底色颜色太深，因此海报上的文字大部分采用"反白"效果。

甜甜圈商店活动促销海报的最终效果图如图5-42所示。

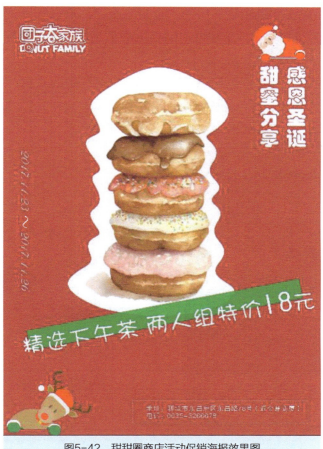

图5-42　甜甜圈商店活动促销海报效果图

任务实施

步骤1　页面尺寸设置

按<Ctrl+N>快捷键，新建一个页面，在"属性栏"中将纸张大小设置为宽200mm，高280mm，如图5-43所示。

图5-43　"页面设置"属性

步骤2 页面底色设置

1）底部框绘制。选择"矩形工具"，双击页面空白处，自动生成符合页面大小的黑色边框，并将边框轮廓颜色设置为无色。

2）底色填充。单击"菜单栏"中的"窗口"→"泊坞窗"→"彩色"命令，调出"颜色泊坞窗"，为边框填充内部颜色，CMYK数值为0、100、80、20（圣诞红色），效果如图5-44所示。

3）颜色样式添加。选中红色底色，单击"菜单栏"中的"窗口"→"泊坞窗"→"颜色样式"命令，调出"颜色样式"泊坞窗，单击"新建样式"![]按钮，将"圣诞红色"的数值添加至颜色样式，如图5-45所示。

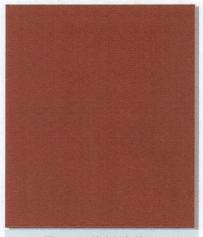

图5-44　填充颜色效果

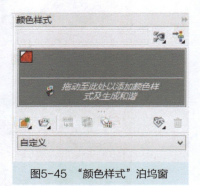

图5-45　"颜色样式"泊坞窗

注意

因作为底色的圣诞红色为此海报的主色，所以将此颜色添加至"颜色样式"泊坞窗进行保存，以便后续的快捷应用。

步骤3 主图形绘制

1）图片置入。将素材图"甜甜圈主图"拖入页面，放置于页面中心位置，效果图如图5-46所示。

2）轮廓图绘制。选择"贝塞尔工具"，沿甜甜圈图片外围绘制轮廓图，并填充白色，效果图如图5-47所示。

注意

此处的轮廓图形状不需要与甜甜圈轮廓形状完全一致，绘制出流畅的、圆润的线条即可。

图5-46 置入图片效果图

图5-47 绘制轮廓图效果图

步骤4 一级标题添加

1）添加一级标题。选择"文本工具"，在页面右上角处输入文字"感恩圣诞，甜蜜分享"，文字设置为"华文琥珀、36pt、白色"。

2）文字方向水平转垂直。在"文本工具"属性栏中单击"将文本更改为垂直方向"按钮，如图5-48所示，将文字方向由水平转为垂直，效果图如图5-49所示。

图5-48 "将文本更改为垂直方向"按钮

图5-49 文字输入效果图

步骤5 二级标题添加

1）添加二级标题。选择"文本工具"，在页面中下方居中位置输入文字"精选下午茶　两人组特价18元"，文字设置为"华康少女文字、40pt、白色"，其中的"18"字号设置为"52pt"，效果图如图5-50所示。

2）文字旋转。单击"选择工具"，在二级标题文字处双击，使文字的周边出现旋转框，如图5-51所示。拖动任意位置的旋转框，使文字旋转放置，效果图如图5-52所示。

3）底框绘制。选择"矩形工具"，绘制长条矩形，填充颜色为深绿色，CMYK数值为90、15、100、0。经过旋转后放置于白色字体下方，效果图如图5-53所示。

图5-50　文字输入效果图

图5-51　显示文字变形手柄

图5-52　旋转文字效果图

图5-53　底框绘制效果图

注意

此处添加绿色矩形形状的目的，一是用不同于整体色调的颜色来凸显这句宣传语，二是为了防止部分白色文字放置于白色的轮廓图上不易显示。

步骤6 三级标题添加

1）添加三级标题。选择"文本工具"，在页面左中位置输入活动时间文字"2017.11.23～2017.11.26"，文字设置为"花体英文字、24pt、白色"。

2）文字方向水平转垂直。单击"属性栏"中的"将文本更改为垂直方向"按钮，如图5-54所示，将文字横排转竖排，效果图如图5-55所示。

注意

文字的上端与一级标题的下端对齐，文字左侧预留5mm左右页边距。

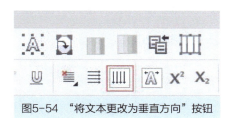

图5-54 "将文本更改为垂直方向"按钮

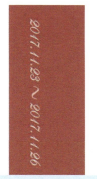

图5-55 文字效果图

步骤7 辅助文字信息添加

1）添加辅助文字信息。选择"文本工具"，在页面右下方输入活动店铺地址及电话信息，文字设置为"方正中等线字体、12pt、白色"，效果图如图5-56所示。

图5-56 添加辅助文字效果图

2）虚线框绘制。选择"矩形工具"，在辅助文字外围绘制矩形框线。单击"菜单栏"中的"窗口"→"泊坞窗"→"对象属性"命令，调出"对象属性"泊坞窗，单击"轮廓"按钮，如图5-57所示。设置宽度为0.35mm，颜色为白色，样式为虚线，其他保持默认，效果图如图5-58所示。

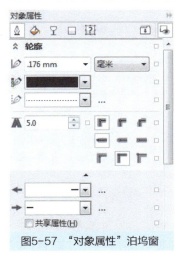

图5-57 "对象属性"泊坞窗

图5-58 虚线框绘制效果图

步骤8 店铺标识添加

将素材图"白色标识"拖入页面，缩小至合适的大小，放置于左上位置，效果图如图5-59所示。

注意

标识的左侧与活动时间文字对齐，标识上端预留5mm左右页边距。

步骤9 圣诞元素添加

　　将素材图"圣诞麋鹿、圣诞老人"拖入页面，缩小至合适的大小，分别放置于左下和右上位置。海报正面最终效果图如图5-60所示。

步骤10 多页面添加

　　页面添加：单击页面左下方"添加页码" 按钮，新建"页2"，如图5-61所示，用于绘制反面海报。

图5-59　标识图片置入效果图

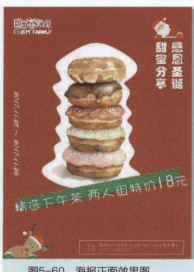

图5-60　海报正面效果图

图5-61　新建页面

步骤11 底色添加

　　1）第一层底色添加。双击"矩形工具"按钮绘制页面框，然后打开"颜色"泊坞窗，将"圣诞红色"拖入页面框中填充，同时右击调色板中的"无色" 按钮，将边框改为无色。

　　2）第二层底色添加。选择"矩形工具"，绘制合适大小的矩形框，设置框内色为白色，框线色为无色。

3）透明度调整。选择工具箱中的"透明度工具" 🖌，如图5-62所示，在"属性栏"中单击"均匀透明度" 🔲按钮，合并模式设为"常规"，透明度数值为10，其他保持默认，效果图如图5-63所示。

图5-62　"透明度"属性

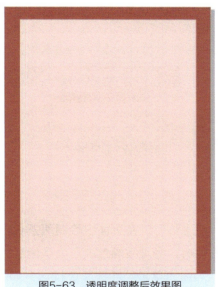

图5-63　透明度调整后效果图

步骤12 小标题添加

1）椭圆形绘制。选择"椭圆形工具"，在页面上端中部位置绘制合适大小的椭圆形图形，内部填充圣诞红色。

2）文本绕排。选择"文本工具"，将鼠标指针靠近椭圆形图形下部边缘，当鼠标指针出现"边缘"二字时单击，此时出现文本绕排文字输入框，如图5-64所示。输入文字"特价甜甜圈"，并设置文字为"华康少女字体、32pt、白色"，效果图如图5-65所示。

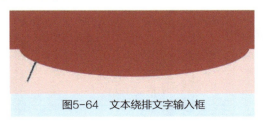

图5-64　文本绕排文字输入框

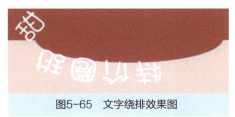

图5-65　文字绕排效果图

3）属性调整。选择"选择工具"，如图5-66所示，在属性栏设置"与路径距离"为

5mm，"水平偏移"为95mm，其他保持默认，效果图如图5-67所示。

4）镜像调整。分别单击"选择工具"属性栏中的"水平镜像" 按钮和"垂直镜像" 按钮，将文字正向显示，并拖动文字至合适的位置，效果图如图5-68所示。

注意

因文字的"落脚点"不可能人人一致，所以具体的数值会根据文字输入位置的不同有所不同，只要效果一致即可。

图5-66 "文字绕排"属性栏

图5-67 绕排效果图

图5-68 文字镜像效果图

步骤13 虚线绘制

1）虚线绘制。单击"折线工具"，在页面中绘制两条长直线，用于三等分页面。

2）打开"颜色样式"泊坞窗，将直线颜色填充为圣诞红色。

3）打开"对象属性"泊坞窗，单击"轮廓" 🔎 按钮，如图5-69所示，将宽度设置为1.0mm，样式设为虚线，其他保持默认，效果图如图5-70所示。

步骤14 促销信息填充

1）图片导入。将TIF格式的素材图"巧克力芬迪"等6张图片拖入页面，分别缩小至相同大小，有规律地放置于合适位置，效果图如图5-71所示。

图5-69 "对象属性"泊坞窗

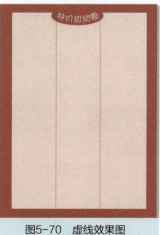

图5-70 虚线效果图

图5-71 图片导入效果图

2）文字输入。选择"文本工具"，输入"抹茶芬迪""芒果芬迪""巧克力芬迪"3行字，文字设置为"方正风雅宋简体、24pt、黑色"，方向由水平转垂直，效果图如图5-72所示。

3）段落调整。单击"菜单栏"中的"文本"→"文本属性"命令，调出"文本属性"泊坞窗，单击"段落"按钮，如图5-73所示，设置行间距为600%，并适当调整"芒果芬迪"前端的空白格数量，效果图1如图5-74所示。同理，输入另外3行文字，效果图2如图5-75所示。

图5-72 文字输入效果图

图5-73 "文本属性"泊坞窗

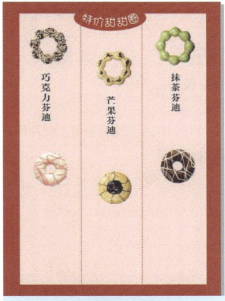

图5-74 段落调整效果图1

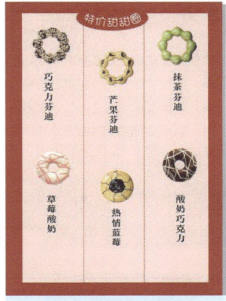

图5-75 段落调整效果图2

4）文字输入。选择"椭圆形工具"，按住<Ctrl+Shift>键在合适位置绘制圆形，并填充颜色为"圣诞红色"。选择"文本工具"，输入文字"3元/个"，文字设置为"宋体、白色"，"3"和"元/个"的字号大小分别为24pt和12pt，效果图如图5-76所示。同理绘制其他5组价格信息，最终效果图如图5-77所示。

图5-76　文字输入效果图

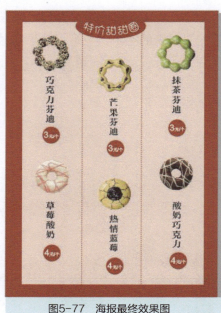

图5-77　海报最终效果图

任务提示

此任务完成后，应注意观察是否符合以下几点内容。

◆　白色"圣诞树"轮廓的绘制应该流畅自然无卡顿。

◆　各级文字标题之间的视觉效果应该逐级递减。

◆　反面甜甜圈和相应价格的放置应该符合平面设计的相近原则，即每个甜甜圈图片和相对应的价格文字距离较近，与不相关的甜甜圈或价格距离较远。

必备知识

1．透明度工具

"透明度工具" 🎨可以用来对对象添加各种透明效果，透明效果的设置均可在透明度工具的属性栏中进行，图5-78为透明度工具属性栏。

图5-78　透明度工具属性栏

下面详细介绍一下属性栏中的参数。

◆　"无透明度" ⊠按钮：不应用任何透明效果，一般默认此选项。

◆　"均匀透明度" ■按钮：单击此按钮，将应用均匀且平整的透明效果，此项最为常用，效果图如图5-79所示。

图5-79　均匀透明度效果图

◆　"渐变透明度" ■按钮：单击此按钮，将应用渐变层次的透明效果，效果图如图5-80所示。

图5-80　渐变透明度效果图

◆　"双色图样透明度" ■按钮：单击此按钮，将可选择任意的双色图样进行透明填充，效果图如图5-81所示。

◆　"向量图样透明度" ■按钮：单击此按钮，将可选择任意的向量图样进行透明填充。

◆ "位图图样透明度" 按钮：单击此按钮，将可选择任意的位图进行透明填充。

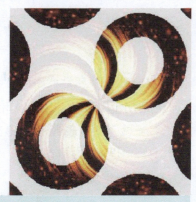

图5-81　双色图样透明度效果图

◆ 合并模式：透明度颜色与下层对象颜色调和的方式，有添加、减少、更亮、更暗、颜色等多种类型。图5-82所示为应用"颜色"合并模式的均匀透明度效果。

图5-82　应用"颜色"合并模式

◆ 透明度挑选器：可在下拉菜单中选择任意一个预设透明度，图5-83所示为均匀透明度的透明度挑选器。

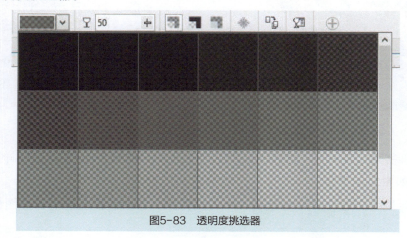

图5-83　透明度挑选器

◆　透明度数值🔒：可自定义设置透明度的具体数值。数值越大，颜色越透明；数值越小，颜色越不透明。

◆　"全部应用"▨按钮：将透明度设置同时应用到对象内部和对象轮廓。

◆　"填充应用"▨按钮：仅应用透明度设置到对象内部。

◆　"轮廓应用"▨按钮：仅应用透明度设置到对象轮廓。

触类旁通

海报的5种主题表现形式如下。

1）"文字"表现。以与海报主题相关的文字作为海报设计的主要展示内容，一般会对文字进行字体设计，以突显主题，如图5-84所示。

2）"实物"表现。以实物图片作为海报主题的表现形式，此种表达方式简洁明了，视觉效果强烈，如图5-85所示。

图5-84　"文字"表现形式

图5-85　"实物"表现形式

3）"图形"表现。以与海报主题相关的"创意图形"进行表现，需要设计师具备一定的想象力和绘画能力，此种表达方式具有强烈的形式感，如图5-86所示。

4）"绘画"表现。采用绘画作品来表现主题时多采用手绘原创作品，营造清新自然之感，如图5-87所示。

5）"照片"表现。用摄影照片来表现海报主题，一般选择与主题相关的场所照片或人物照片等，让观看者产生身临其境之感，如图5-88所示。

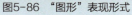

图5-86 "图形"表现形式

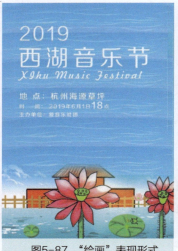

图5-87 "绘画"表现形式

图5-88 "照片"表现形式

项目小结

本项目主要介绍对位图进行调色及其他效果的处理方法，以及透明度工具的使用技巧。熟悉本项目所讲解的位图调色或置于图文框等功能，有助于在以后的实际项目制作中，快速完成一些位图的处理任务。

实战强化 "书香中国"活动宣传海报制作

【项目分析】

为"书香中国"活动设计一个宣传海报。此次活动是一个有关于图书的文化宣传活动，旨在推广读书的意义。活动的宣传语为"书中自有黄金屋"。

【设计理念】

1）"书香中国"海报是一个文化类海报，所以要从多方面表现出文化的底蕴。

2）在海报的表现形式上，可以选择图形、实物或照片来表现。

3）在海报的创意上，可以结合活动的宣传语"黄金屋"进行创意设计。

4）色彩的选择上最好避免鲜艳的色彩，选择带有书本"清香、优雅"感觉的色彩进行制作。

"书香中国"活动宣传海报效果图参见图5-89。

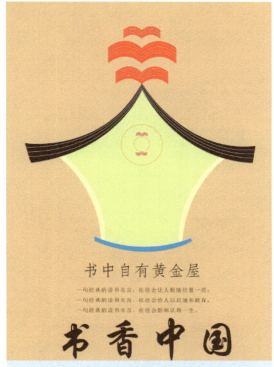

图5-89　"书香中国"活动宣传海报效果图

项目 6　综合设计实训

职业能力目标

1）熟练掌握和运用CorelDRAW X7软件进行设计及制作。

2）掌握平面类设计作品的设计原则。

任务1　某女装店铺首页宣传图设计制作

任务情境

　　"双十一"购物狂欢节活动马上就要来临，某女装店想要在店铺首页放置一幅宣传图，用以吸引顾客的目光。到底店铺对这张宣传图提出了哪些要求呢？请同学们抓紧查看任务书，按照要求进行制作吧！

接单任务书				
任务	为某女装店铺制作"双十一"购物狂欢节活动的首页宣传图		尺寸	300mm×180mm
制作要求	图片要求： 1）不可对图片进行拉伸和压缩。 2）可对图片进行适当裁切处理。		文字要求：（以下文字必须全部包含） 1）狂欢双十一。 2）新品尖货五折起。 3）狂欢时间：2017.11.10～2017.11.12。	
设计要求	1）主题突出。 2）风格统一。 3）具备美感。			

任务实施

步骤1　**页面尺寸设置**

　　按<Ctrl+N>快捷键，新建一个页面，在"选择工具"属性栏中设置纸张尺寸为宽300mm，高180mm，如图6-1所示。

图6-1　页面尺寸设置

步骤2 页面底图设置

1）导入素材图片"双十一宣传图素材"，由于素材图片和页面尺寸不一致，调整素材图片至合适的大小，使其大致贴合页面尺寸，素材图片有部分位于页面之外。

2）选择"矩形工具"，在页面之外绘制一个矩形框，矩形框的面积要大于页面外的素材图片面积，如图6-2所示。

3）同时选中矩形框和素材图片，单击"属性栏"中的"移除前面对象" 🔲 按钮，将页面之外的素材图片剪切掉，效果如图6-3所示。

图6-2　矩形框绘制

图6-3　图片裁切

技巧

因任务书要求，不得对图片进行拉伸和压缩，所以在等比例放大图片的前提下，对页面之外的多余部分进行修剪。

步骤3 绘制宣传语文字

1）选择"文字工具"，在页面右上空白位置输入文字"狂欢双十一"，文字设置为"方正正中黑简体，62pt"，使用"颜色滴管工具"吸取图片中的橘红色作为文字颜色。单击"菜单栏"中的"窗口"→"泊坞窗"→"对象属性"命令，调出"对象属性"泊坞窗，单击"字符"按钮打开字符面板，如图6-4所示，设置下划线为"单细下划线"，效果如图6-5所示。

2）使用"文字工具"继续输入文字"新品尖货折起"，将"5"字的位置空出来，文字设置为"方正正准黑简体，42pt，黑色"。单击"菜单栏"中的"窗口"→"泊坞窗"→"对象属性"命令，调出"对象属性"泊坞窗，单击"段落"按钮，打开段落面板，如图6-6所示。将"字符间距"设置为40%，使其与"狂欢双十一"的文字左右对齐，效果如图6-7所示。

图6-4　字符面板

图6-5　下划线设置

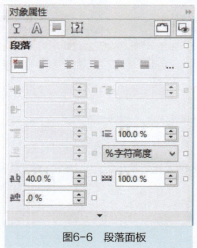

图6-6　段落面板

图6-7　文字输入

技巧

　　此处使用了2个计算机自带字体以外的设计类字体，分别是"方正正中黑体"和"方正正准黑体"，这2个字体一个较粗一些，用于主要标题，一个较细一些，用于次要标题，但整体风格又是统一的。

　　3）使用"文字工具"输入数字"5"，文字设置为"方正正中黑简体，55pt，蓝色"。选择"选择工具"双击数字"5"，使其出现旋转框，如图6-8所示，对其进行微小的旋转调整，效果如图6-9所示。

图6-8 文字输入

图6-9 文字旋转

4）选择"矩形工具"，在文字外围绘制矩形框，效果如图6-10所示。单击"菜单栏"中的"窗口"→"泊坞窗"→"对象属性"命令，调出"对象属性"泊坞窗，单击"轮廓"按钮打开轮廓面板，如图6-11所示，设置轮廓宽度为0.75mm，轮廓颜色为白色，轮廓样式为虚线，效果如图6-12所示。复制一个虚线矩形框，略微缩小后放置于原虚线矩形框内部，效果如图6-13所示。

技巧

对文字设置下划线、旋转效果和绘制虚线框的目的都是用来"强调"宣传语文字，使宣传语更加的突出、醒目，达到吸引消费者的目的。

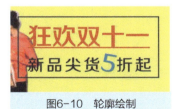
图6-10 轮廓绘制

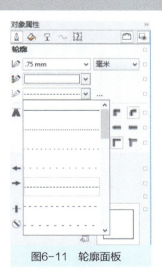
图6-11 轮廓面板

图6-12 轮廓样式设置

图6-13 复制轮廓

步骤4 绘制时间文字

1）选择"文字工具"，在页面左侧空白位置输入"狂欢时间：2017.11.10～

2017.11.12", 文字设置为"微软雅黑, 黑色, 16pt"。单击"属性栏"中的"垂直方向" ⬚ 按钮, 将文字竖排显示, 效果如图6-14所示。

"双十一"购物狂欢节活动首页宣传图的最终效果图如图6-15所示。

图6-14　文字竖排显示

图6-15　"双十一"购物狂欢节活动首页宣传图最终效果图

任务2　房地产宣传单页设计制作

任务情境

某房地产公司新开发了一处商品房小区，公司想要印刷宣传单页进行大量的街头发放，提高房源的影响力，但却对宣传单的设计茫无头绪。请同学们查看任务书，帮这家公司设计一下吧！

接单任务书			
任务	制作房地产宣传单页	尺寸	300mm×420mm（竖版）
制作要求	图片要求： 1）必须有房源标识图。 2）可对图片进行适当裁切和处理。	文字内容： 1）伴江繁华一世珍藏。 2）高端湖景公寓即将华丽开幕。 3）单价8699元起。 4）尊崇热线：024-3288888。 5）项目地址：南京市龙蟠中路与常府街交汇处。	
设计要求	1）文字重点突出：电话、价格。 2）排版整洁、规范。 3）整体色调一致。		

任务实施

步骤1　页面尺寸设置

按<Ctrl+N>快捷键，新建一个页面，在"属性栏"中将页面尺寸设置为宽300mm，高420mm，如图6-16所示。

图6-16　页面尺寸设置

步骤2 页面底色设置

1）底部框绘制。选择"矩形工具"，在页面空白处双击，自动生成符合页面大小的黑色边框，如图6-17所示。

2）底色填充。单击"菜单栏"中的"窗口"→"泊坞窗"→"对象属性"命令，调出"对象属性"泊坞窗，单击"填充"按钮，打开"填充"面板，为边框填充内部颜色，如图6-18所示。设置颜色模式为CMYK模式，CMYK数值为100、85、0、0，效果如图6-19所示。

图6-17　底部框绘制

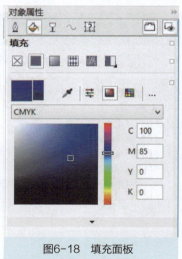

图6-18　填充面板

图6-19　底色填充

3）透明度调整。单击"透明度工具"，如图6-20所示，在"属性栏"选择"均匀透明度"，透明度数值为20，效果图如图6-21所示。

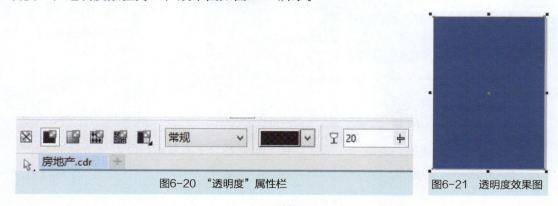

图6-20　"透明度"属性栏

图6-21　透明度效果图

4）图形复制。使用鼠标右键拖动底色图形，在出现的菜单中单击"复制"命令，如图6-22所示，复制出一个同样的图形。

5）尺寸调整。使用"选择工具"选中复制出的图形，如图6-23所示，在"属性栏"中设置宽为271mm，高为384mm。

图6-22　复制图形

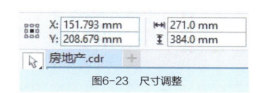

图6-23　尺寸调整

6）对齐设置。同时选中两个底色图形后，单击"菜单栏"中的"窗口"→"泊坞窗"→"对齐与分布"命令，调出"对齐与分布"泊坞窗，如图6-24所示，设置"水平居中对齐"和"垂直居中对齐"，效果如图6-25所示。

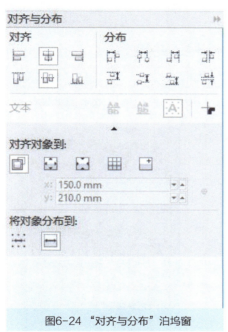

图6-24　"对齐与分布"泊坞窗

图6-25　图形对齐

步骤3 装饰性边框绘制

1）边框绘制。选择"矩形工具"，在页面中绘制一个合适大小的边框，单击"菜单栏"中的"窗口"→"泊坞窗"→"对象属性"命令，调出"对象属性"泊坞窗，如图6-26所示，在"轮廓"面板中设置"轮廓颜色"为白色，"宽度"为2mm，效果如图6-27所示。

图6-26 "轮廓"面板

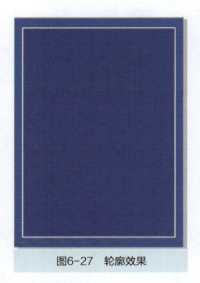

图6-27 轮廓效果

2）轮廓圆角设置。单击"菜单栏"中的"窗口"→"泊坞窗"→"圆角/扇形角/倒棱角"命令，调出"圆角/扇形角/倒棱角"泊坞窗，如图6-28所示，选择"扇形角"设置，"半径"为12mm，单击"应用"按钮，将此效果应用于白色边框，效果图如图6-29所示。

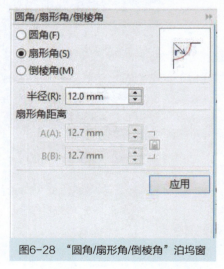

图6-28 "圆角/扇形角/倒棱角"泊坞窗

图6-29 扇形角效果图

步骤4 图片素材导入

1）图片导入。单击"菜单栏"中的"文件"→"导入"命令，将素材图"房地产宣传页素材"导入页面中相应位置，并使用"选择工具"进行尺寸的缩小调整，效果如图6-30

所示。

图6-30　图片导入

2）顺序调整。选中白色轮廓边框后，右击鼠标，如图6-31所示，在弹出的菜单中选择"顺序"→"到页面前面"命令，将轮廓线的顺序调至素材图片之前，效果如图6-32所示。

图6-31　顺序调整

3）标识导入。单击"菜单栏"中的"文件"→"导入"命令，将素材图"房地产标识图素材"导入，使用"选择工具"调整合适的尺寸后放置于页面相应位置，效果如图6-33所示。

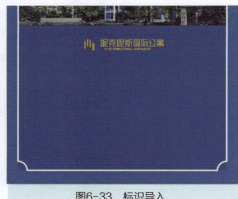

图6-32　顺序调整效果　　　　　　　　图6-33　标识导入

步骤5 文字添加

1）一级标题添加。选择"文本工具"，在页面下方空白处输入一级宣传文字"伴江繁华 一世珍藏"，文字设置为"方正正粗黑简体，72pt，白色"，效果如图6-34所示。

2）二级标题添加。选择"文本工具"，在一级标题文字下方输入二级宣传文字"高端湖景公寓即将华丽开幕"，文字设置为"方正正准黑简体，40pt，铜色"，效果如图6-35所示。

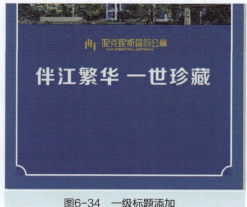

图6-34　一级标题添加　　　　　　　　图6-35　二级标题添加

3）价格文字添加。选择"文本工具"，在二级标题文字下方输入文字"单价8699元起"，其中，"8699"设置为"微软雅黑粗体，48pt，浅蓝色"，其他文字设置为"微软雅黑常规体，32pt，浅蓝色"，效果如图6-36所示。

4）辅助文字添加。选择"文本工具"，在页面最下方输入电话及地址文字，其中电话数字数值为"宋体，26pt，白色"，其他文字设置为"宋体，18pt，白色"，效果如图6-37所示。

图6-36 价格文字添加

图6-37 电话地址添加

5）辅助线条添加。选择"折线工具"，在电话和地址文字的上方绘制一条直线，颜色为白色，宽度为0.25mm，效果如图6-38所示。

图6-38 直线绘制

步骤6 对齐设置

选择"选择工具"，同时选中所有文字内容，单击"菜单栏"中的"窗口"→"泊坞窗"→"对齐与分布"命令，调出"对齐与分布"泊坞窗，如图6-39所示，设置"水平居中对齐"，效果图如图6-40所示。

图6-39 "对齐与分布"泊坞窗

图6-40 对齐效果图

房地产宣传单页的最终效果图如图6-41所示。

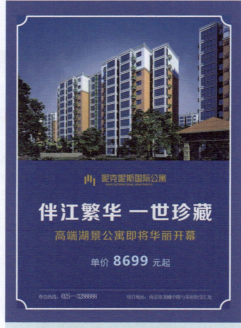

图6-41　房地产宣传单页最终效果图

任务3　书籍封面设计制作

任务情境

某出版社即将发行一本旅游类书籍，稿件已审查无误，只差书籍的封面设计还未完成。同学们，如果你作为这家出版社的美编，接手了这项工作，你会怎么设计呢？请同学们查看接单任务书中的任务详情，也来思考一下吧！

接单任务书			
任务	制作书籍封面	尺寸	190mm×130mm（其中，书脊10mm）
文字要求	封面文字内容： 1）法国科尔马小镇之旅 THE TRIP TO COLMAR.FRANCE 2）聊城文艺出版社 聊小艺主编		封底文字内容： 法国最浪漫的童话小镇， 最纯正的德法混血儿， 可以终老一生的静谧小镇， 体验一场与浪漫童话的邂逅……
设计要求	1）整体风格符合本书的游记类型，可以图片展示为主。 2）突出异国风情。 3）整体设计主次分明，整洁美观。		

任务实施

步骤1　页面尺寸设置

按<Ctrl+N>快捷键，新建一个页面，在"属性栏"中将页面尺寸设置为宽190mm，高130mm的横版页面，如图6-42所示。

图6-42　页面尺寸设置

步骤2 页面底色填充

1）底部框绘制。选择"矩形工具"，在页面空白处双击，自动生成符合页面大小的黑色边框，如图6-43所示。

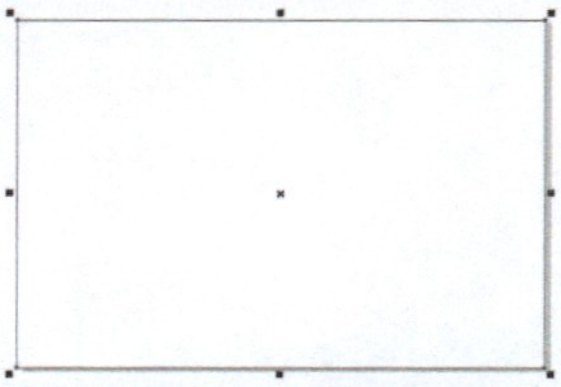

2）底色填充。单击"菜单栏"中的"窗口"→"泊坞窗"→"对象属性"命令，调出"对象属性"泊坞窗，单击"填充"按钮，打开"填充"面板，为边框填充内部颜色，如图6-44所示。设置颜色模式为CMYK模式，CMYK数值为0、25、20、0，效果如图6-45所示。

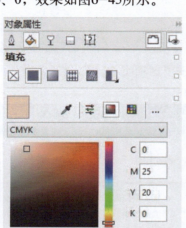

图6-43 底部框绘制

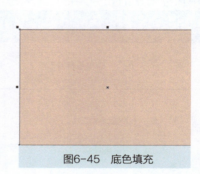

图6-44 "填充"面板

图6-45 底色填充

3）无色边框设置。使用鼠标右击"调色板"顶端中的无色按钮 ⊠ ，将黑色边框改为无色。

4）辅助线设置。从页面左侧标尺处拖动出两条辅助线，分别放置于90mm宽度和100mm宽度处，以此来划分出封面、书脊和封底的范围，如图6-46所示。

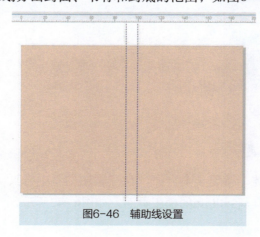

图6-46 辅助线设置

步骤3 封面制作

1）素材图片导入与修剪。将素材图"封面设计-素材图"拖入至页面中，并放大至适宜的大小。在选定素材图作为对象后，选择"裁剪工具"，绘制需要保留区域的矩形边框，如图6-47所示，绘制完成后单击<Enter>键完成裁剪，效果如图6-48所示。

技巧

▶ 使用"裁剪工具"之前，需要先使用"挑选工具"提前选中需要裁剪的对象，否则"裁剪工具"默认对页面中的所有对象进行裁剪。

▶ 使用"裁剪工具"时，选取的是想要保留的区域范围，而非想要裁切的区域范围。

图6-47 裁剪框绘制

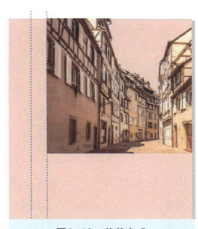

图6-48 裁剪完成

2）透明度调整。选择"透明度工具"，如图6-49所示，设置"透明度类型"为"均匀透明度"，透明度数值为10，对素材图进行透明处理，效果如图6-50所示。

图6-49 透明度设置

3）底色添加。选择"矩形工具"，在素材图下绘制一个矩形，并填充颜色为白色，效果如图6-51所示。

4）装饰图形绘制。选择"折线工具"，在素材图右上角顶端位置绘制一个三角图形，CMYK数值为0、80、50、0，如图6-52所示，并将此颜色添加至"颜色样式"泊坞窗，如图6-53所示。

图6-50　透明度效果

图6-51　底色添加

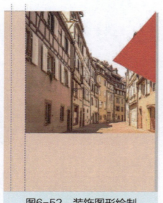

图6-52　装饰图形绘制

图6-53　"颜色样式"泊坞窗

　　同理，再绘制出一个三角形，使用"颜色样式"进行填充，并调整"透明度"为68，效果如图6-54所示。将此图形进行"组合对象"，并复制粘贴于素材图左下方位置，并适当进行缩小，效果如图6-55所示。

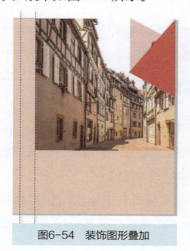

图6-54　装饰图形叠加

图6-55　装饰图形完成

5）标题文字添加。选择"文本工具"，输入书籍标题"法国科尔马之旅"文字，字体设置为"白色、方正正准黑简体"，"法国科尔马"和"小镇之旅"的字号分别为28pt与24pt。将"小镇之旅"四个字进行复制，并使用"颜色样式"中的色彩进行填充，效果如图6-56所示。

6）其他文字信息添加。在封面左上方输入英文标题，并设置颜色为白色。在封面最下方左右两端分别输入出版社及主编文字信息，效果如图6-57所示。

图6-56　标题文字添加

图6-57　其他文字信息添加

技巧

▶　封面中的文字信息如果放置于页面边缘处，一定注意保留至少5mm的页边距，以防裁切时裁掉有用信息。

▶　封面中的标题为一级标题，英文标题为二级标题，出版社及主编信息为辅助信息，因此在字号的选择上需要逐级递减，以免喧宾夺主。

　封底制作

1）图形复制。将封面中的三角图形复制粘贴至封底左侧，并填充颜色为白色，设置"透明度"数值为45，并适当调整位置，效果如图6-58所示。

2）素材裁切。将素材图"封面设计-素材图2"拖入至页面中。将两个白色三角形进行复制并组合对象，放于素材图上方，如图6-59所示。同时选中素材图及上方的白色图形，如图6-60所示，单击"属性栏"中的"相交"按钮，得到如图6-61的图形。

图6-58　图形复制

图6-59　图片裁切

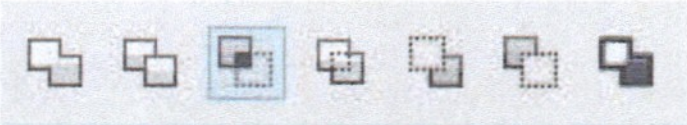

图6-61　裁切完成

图6-60　"相交"按钮

3）图形对齐。右击此图形，执行"取消对象组合"命令，并放置于封底左侧位置，与其他白色图形对齐，效果如图6-62所示。

图6-62　图形对齐

4）文字信息添加。选择"文本工具"，在封底右侧空白处输入文字信息，文字设置为"楷体、黑色、9pt"，如图6-63所示。单击"属性栏"中的"将文本更改为垂直方向"按钮，将文本方向由水平改为垂直，效果如图6-64所示。

图6-63 文字信息添加　　　　图6-64 文字改为垂直

步骤5 书脊制作

1）文字信息添加。选择"文本工具"，在书脊处输入文章标题、出版社及主编信息。

2）文字对齐。调出"对齐与分布"泊坞窗，如图6-65所示，单击"水平居中对齐"按钮，将书脊中的所有文字居中对齐，效果图如图6-66所示。

图6-65 "对齐与分布"泊坞窗

图6-66 书脊效果图

技巧

书脊处的文字字体与封面中的文字字体应一致，书脊中的顶端文字与底端文字注意与封面封底的文字对齐，以保持整体排版的规范性。

书籍封面制作完成，最终效果图如图6-67所示。

图6-67　书籍封面最终效果图

参 考 文 献

[1]　吴赛．中文版CorelDRAW X6课堂实录[M]．北京：清华大学出版社，2015．

[2]　王乌兰，黄争．CorelDRAW X7实例教程[M]．4版．北京：人民邮电出版社，2016．

[3]　张丙刚．品牌视觉设计[M]．北京：人民邮电出版社，2014．